BEAUTÉS
DU JARDINAGE.

DE L'IMPRIMERIE D'A. BERAUD,
Rue Saint-Denis, n°. 374.

BEAUTÉS
DU JARDINAGE,

OU

RECUEIL DE MORCEAUX CHOISIS, EN PROSE ET EN VERS, POUR LES AMATEURS DES DONS DE POMONE ET DE FLORE;

Publié par M. Pouplin,

Auteur de l'AGRONOME DES QUATRE SAISONS.

Ce que votre terrain adopte avec plaisir,
Sachez le reconnaître, osez vous en saisir;
C'est mieux que la nature, et cependaut c'est elle,
C'est un tableau parfait qui n'a point de modèle.

PARIS,

CHEZ
L'AUTEUR, rue Saint-Honoré, n°. 390;
PIERRON, Cabinet des Arts, Palais-Royal, Galerie de Pierre, n°. 33;
Et tous les Marchands de Nouveautés.

M. DCCC. XX.

AVANT-PROPOS.

—

On a des Beautés de l'Histoire, de la Géographie, de la Médecine ; on a des Étrennes Gourmandes et Dramatiques, des Mignardises de toutes façons ; mais l'art de Pomone et de Flore est enseveli dans de gros volumes, ou traité dans des instructions maigres, dont le titre même repousse les gens de monde. Nous avons cru remplir le vœu du Public en lui présentant, dans un câdre commode, et sous une forme qui flatte, un aperçu des travaux et des produits du jardinage, disposé par ordre de mois, suivi de quelques Mémoires et Notes détachées sur la culture en général ; sur les Couches qui constituent la base de la reproduction des herbes potagères et des fleurs ; sur les Pépinières, sans lesquelles il n'y a ni espaliers, ni parcs, ni vergers; sur la Vigne qui forme de si riants berceaux, et qui borde le plus agréablement les allées. Nous avons pensé que l'amateur, soit qu'il se plaise à manier lui-même l'instrument, soit qu'il se borne à ordonner les travaux, sera bien aise d'avoir sous les yeux un exposé des principes d'après lesquels il faut procéder.

Pour joindre l'agréable à l'utile, nous avons fait entrer, dans notre câdre, un choix des inspirations de nos poètes, sur les champs et les fleurs, précédé d'un précis du langage des fleurs, si charmant et si peu connu.

Afin qu'il ne manque à notre petit ouvrage rien qui puisse le rendre cher aux hommes de goût, et digne d'être mis entre les mains des Dames, nous l'avons embelli par douze figures symboliques des mois, et par quatre allégories des saisons, qui seules feraient l'ornement d'un Boudoir.

L'ANNÉE

DE

L'AGRONOME.

JANVIER.

Ouvrage à faire au Jardin.

On profite des rayons du soleil pour ouvrir les vîtres des serres et les châssis des couches, depuis dix heures du matin jusqu'à deux heures après midi.

On entretient le feu dans les serres à fruits, et on augmente le dégré de chaleur pour les Ananas.

On fait germer dans l'orangerie, ou sous châssis, des couches de pois, pour être transplantés en Février et Mars.

On laboure les terres où l'on veut planter au printems.

Vers le 15, on prévient le moment de la sève pour faire utilement la taille des grosses branches d'arbres.

On émonde les arbres, et l'on ôte les nid de chenilles qu'il faut avoir soin de brûler.

Récolte.

Poires de table.

Les Bergamotes, la Crassane, la S.–Germain.

Pommes de table.

Les Courtpendues, les Reinettes d'Angleterre et autres, Raisins conservés par art.

Herbes légumineuses.

Carottes et Navets, Choux-fleurs, Cabus frisés de Milan, etc. Oignons, Porreaux, Chicorée, Épinard, Cerfeuil, Céleri, Poirée, Oseille, Persil.

Fleurs.

Jasmins blancs et jaunes, dans l'orangerie; Fleurs d'Orange; Anémones, Narcisses, Tulipes, Hyacinthes sous châssis.

FEVRIER.

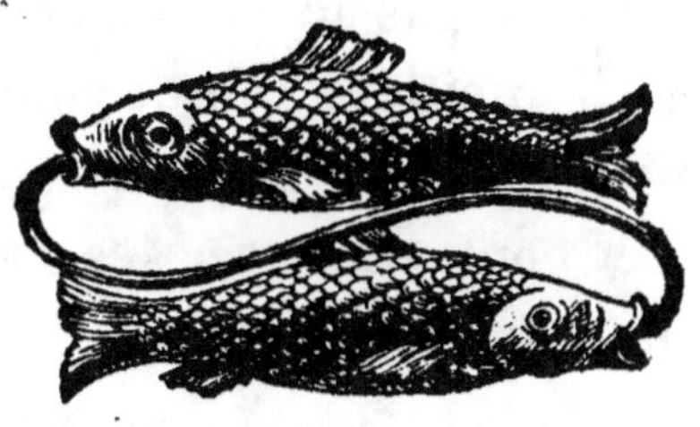

Ouvrage à faire au Jardin.

On sème des herbess légumineuse hâtives, qu'on cultive sous châssis, et vers le 15 de ce mois, des Concombres et des Melons, sur de bonnes couches, garanties par des paillassons.

Sur de pareilles couches on sème, de huit en huit jours, des petites laitues hâtives, du cresson, des petites raves.

On transplante les choux-fleurs sous cloches.

On réchauffe les asperges et les fraisiers.

C'est le temps des grands soins de la serre chaude, si l'on veut en obtenir un service utile; on examine les arbres et les plantes vertes; on remplace les pots dont les fleurs ont manqué.

On communique à la serre où sont les Ananas, la chaleur d'été qu'on gradue par le thermomètre : mais il faut tempérer cette chaleur par de fréquens arrosemens. Les fruits de l'Ananas doivent paraître le 10 ou 12 de ce mois.

Lorsqu'il ne gèle pas au commencement de ce mois, c'est le meilleur temps pour planter des arbres, pour labourer le pied dé ceux qui sont plantés, et pour défoncer les carrés des potagers qu'on veut employer.

Produits du Jardin.

Fruits de table.

On a les mêmes fruits qu'au mois de Janvier.

Poires.

Bergamotes, Crassane, Saint-Germain.

Pommes.

Reinettes, Nèfles, Raisins conservés.

Herbes légumineuses.

Petites laitues à couper, avec leurs fournitures ; Cresson, petites Raves, Asperges, Champignons sur vieilles couches.

Fleurs.

Dans les serres à feu, les mêmes qu'en janvier.

Sous châssis, des Narcisses, des Anémones, des Cyclamens, des Tulipes.

En pleine terre, l'Hépatique gris de lin, et la bleue ; la Perce-Neige, simple et double.

MARS.

Ouvrage à faire au Jardin.

C'est le mois où les opérations se multiplient. On laboure, on émonde, on sarcle, on ratisse les allées.

Grands soins à prendre relativement aux variations de température de la saison.

On plante des Racines légumineuses, qu'on veut faire monter en gaine.

On découvre et on dépouille les pieds d'Artichauts, et vers la fin du mois on en laboure les carrés.

On prépares des couches pour replanter les premiers Melons, et l'on en fait pour les Champignons.

A la mi-Mars, on sème, en pleine terre et sur des couches bien garanties, des Racines légumineuses, des Choux-fleurs, des Épinards, des Pois carrés, des Laitues-pommées, du

Pourpier, du Céléri, des Raves, des Câpres et des Capucines.

On enlève, en motte, le plan des Fraisiers plantés en pépinière, pour en faire des planches et des carrés.

On met en terre les Amandes germées, après leur avoir rompu le germe, pour en faire des pépinières.

On achève de planter tous les Arbres ; on taille les Abricotiers, les Pêchers, les Pruniers : on commence à greffer.

On remplit de tan frais les vitrêves des Ananas, et on les y met 5 à 6 jours après, lorsque le tan est échauffé : quand il fait froid on couvre les vîtres.

Vers la fin de Mars ou au commencement d'Avril, suivant le temps, on découvre la serre.

Produits du Jardin.

Fruits de table.

On a encore des Poires, de Saint-Germain, des Bon-Chrétien, et Pommes de Reinettes blanches et grises, et quelques Raisins conservés, et des Fraises sous châssis.

Plantes légumineuses.

Choux-frisés blancs, Racines, Scorsonères, Salsifis, Épinards, Laitues, Cresson, Raves,

Sur couches vîtrées , des Asperges , des Laitues-pommées et des fournitures.

Fleurs.

Dans la serre ou sous châssis, on a des Roses, des Hyacinthes doubles, des Renoncules , des Anémones, des Cyclamens.

En pleine terre , la Violette , la Tulipe, le bois Gentil.

AVRIL.

Ouvrage à faire au Jardin.

On continue les attentions et les soins pour garantir les Melons, et d'autres plantes tendres élevées sous cloches ou sous châssis.

On transplante encore des légumes fins, comme Choux-fleurs, Pois, Haricots hâtifs.

On œuillette les Artichauts et on en regarnit les carrés.

On fait la seconde taille des Pêchers, on en pince les jets et les boutons qui chargent trop ; c'est le temps de garantir bien soigneusement de la brume les tendres fleurs de cet arbre ; on pince aussi les Melons, les Concombres, et on leur fait prendre un peu d'air sous les cloches ; on réchauffe les vieilles couches, on en fait de nouvelles ; on sème de la Chicorée, les premiers Cardons d'Espagne, des Pois, des Haricots ; on transplante les Laitues-pommées, élevées sur couche, la Coquille, la Jérusalem, la Crêpe blonde.

On continue de sarcler, de ratisser les allées. C'est le mois où la végétation des mauvaises herbes couvre la terre. On fait la guerre aux insectes, fourmis, chenilles, etc. ; on fait des pépinières de Fraisiers ; on arrache les coulans et les pieds stériles, et on regarnit la place de ceux qui manquent dans les bordures, plates-bandes et carrés ; on fait des bordures de Thym, Lavande, Sauge, Romarin, Marjolaine, Violette, etc.

Sur la fin du mois, on fait la troisième taille des Pêchers, on achève de palisser, et pour assurer les fruits noués, on termine par pincer tous les jets et les fruits qui chargent trop.

Produits du Jardin.

Poires de table.

On a encore des Bons-Chrétiens, des Reinettes franches et grises.

Les Fraises sous châssis commencent à devenir plus abondantes.

Plantes légumineuses.

Les couches sous châssis donnent aussi la Laitue-pommée ; les Concombres, les Champignons abondent.

En plein air, les petites Laitues, les Raves,
le Cresson, le Cerfeuil, les Épinards, les
Asperges et presque toutes les herbes et racines légumineuses, commençant à végéter
avec sûreté, deviennent le tribut naturel du
Jardin.

Fleurs.

Les bordures, les plates-bandes et les compartimens des Parterres, commencent aussi à
briller par l'émail des Hyacintes, des Jonquilles, des Narcisses, des Tulipes, des Cyclamens, des Marguerites, des Auricules,
des Perce-Neiges, des Iris, des Giroflées
jaunes, rouges et blanches; et dans la serre,
ou sous châssis, se montrent avec éclat l'A-
némome, la Rénoncule, la Rose, la Fleur-
d'Orange.

D'un effet bien agréable encore, sont les
fleurs dont se couvrent à la fin de ce mois
plusieurs Arbustes: tels que l'arbre de Judée,
l'Amandier d'Amérique, le Laurier-Thin, le
Pêcher, et l'Amandier à fleur double.

MAI.

Ouvrage à faire au Jardin.

C'est le mois de propreté, et de la décoration du Jardin : dans les mains de Pomone, il devient une émeraude qui ne doit point la variété de ses nuances à l'illusion du reflet ; toutes les nuances sont vraies, et dérivent de productions qui flattent réellement l'œil, le goût et l'odorat.

Pour obtenir une jouissance aussi agréable, l'œil attentif, qui dirige les opérations, prescrit d'enlever tout ce qui peut altérer ou dégrader l'éclat et les progrès de la végétation : les branches sèches et les jets trop saillans et irréguliers des arbres, de la vigne, du buis, des bordures et des compartimens ; l'herbe des gazons et des allées tombant, à la première pluie, sous les coups de la serpe ou des ciseaux , sont emportés aussitôt hors du jardin , où les Orangers, qu'on sort de la serre entre le 15 et le 20, viennent étaler leur verdure variée de fruits et de fleurs.

Egalement empressé à conduire les productions à leur maturité et à les faire succéder les unes aux autres, le jardinier continue ses soins aux Melons, aux Concombres , lie les Laitues pour les faire pommer , transplante le Céleri , sème , vers la mi-Mai , les Choux-fleurs d'automne et à toutes ces opérations joint des arrosemens abondans.

Produits du Jardin.

Fruits.

Pour Poires : on a encore des Bons-Chrétiens, lorsqu'on les a bien conservées.

Pour Pommes : quelques Reinettes. La serre chaude peut donner des Raisins , et les couches sous châssis , des Fraises abondamment, des Laitues-pommées, des Concombres.

Herbes légumineuses.

Des Asperges , des Champignons, des Épinards , des Raves , du Cerfeuil , des Pois hâtifs.

Fleurs.

Les Hyacinthes , les Tulipes , les Narcisses , les Jonquilles doubles , émaillent les

plates-bandes ; les Renoncules , les Anémones , les Violettes étalent aussi leurs couleurs , et le Muguet des bois exhale son parfum ; les Semi-Doubles , les Marguerites s'annoncent pour leur succéder , ainsi que le Lis,
le Bouton-d'Or , l'Œillet-d'Espagne , la Mi-
gnardise. Dans les bosquets , s'épanouissent:
le Buisson ardent , le Chèvrefeuille , la Rose
de Gueldres, le Lilas, le Seringa, la Silique, le
Jasmin , le Troène , l'Épine , les Rosiers de
Bourgogne et de Champagne.

JUIN.

Ouvrage à faire au Jardin.

Amples arrosemens, sans quoi rien ne réussira, surtout pour les Concombres et les Melons.

De huit en huit jours, on sème encore des Laitues-pommées, et on transplante du Céleri, des Choux-fleurs, des Choux frisés blancs.

Vers la fin du mois, on commence à semer la Chicorée d'automne, et des Pois pour en avoir en Septembre.

On rame les Haricots.

On recueille la graine de quelques herbes légumineuses.

On fauche, pour la deuxième fois, l'herbe des gazons et des contre-allées.

On fait la taille des jeunes Orangers.

On greffe à la pousse les fruits à noyaux.

On fait une guerre implacable, aux mauvaises herbes et aux insectes.

On fait un labour universel à tous les carrés qui doivent être employés, pour les terres sèches un peu avant la pluie, pour les terres fortes et humides en temps chaud et sec.

Produits du Jardin.

Fruits.

Il est rare que les Poires et les Pommes paraissent encore sur la table; mais on en est dédommagé par les Raisins de la serre, les Fraises, les Cerises hâtives et quelquefois les Melons.

Plantes légumineuses.

Pour les plantes légumineuses tout est à souhait : Pois, Haricots tendres, Asperges, Artichauts, Concombres, Raves, Épinards, Laitues-pommées de diverses espèces, Romaine, Pourpier, Herbes fines et quelques Choux-pommés qui, dans leur nouveauté, ne sont pas dédaignés sur les tables délicates.

Fleurs.

Les Hyacinthes, les Tulipes, les Jonquilles commencent à passer dans ce mois ; mais à toutes les autres fleurs qui, dans le mois précédent, ont récréé l'œil et flatté l'odorat, se joiguent les Pois à odeur, toutes les espèces de Lis, les Martagons, les Géraniums rouges et roses, les Campanules bleues et blanches, les Œillets en pleine terre et en pot, la Quarantaine, les Pieds – d'Alouette, les Barbeaux, les Soucis d'Afrique ; et dans les bosquets, les Rosiers rouges-incarnats, jaunes et blancs, les Grenadiers, les Grenadilles ou fleurs de la Passion.

JUILLET.

Ouvrage à faire au Jardin.

On continue les fréquens arrosemens : sans ce secours, les chaleurs font tout périr, surtout dans les terres maigres.

C'est le temps où l'on commence à retirer de la terre les Oignons de fleurs.

On sème et on replante des plantes légumineuses, pour entretenir la succession de ces productions : de la Laitue royale, du Céleri, de la Chicorée, des Choux-fleurs, des Pois carrés. A la fin de ce mois, on ne plante plus de Haricots, ils risqueraient d'être surpris en fleurs par les premiers froids.

On retranche de la Vigne les tendres et petits sarmens.

On fait aux fruits à noyaux la taille d'été.

On commence à marcotter les Œillets.

On greffe en approche les Myrthes, Jasmins, Orangers, Rosiers et autres arbrisseaux.

Produits du Jardin.

Fruits.

Les fruits rouges se montrent dans ce mois, en abondance : Cerises, Griottes, Groseilles, Fraises, parmi lesquels commencent à se produire les Abricots hâtifs, les avant-Pêches. Dans les serres : des Raisins, et des couches de tan, commencent à sortir des Ananas.

Plantes légumineuses.

Pois, Haricots, Choux pommés, Melons, Concombres, Salades et Fournitures de toute espèce, et avec abondance.

Pour les petites Raves, on ne les obtient pas facilement en ce mois avec la fraîcheur et le goût qui les font admettre, en Mai, sur toutes les tables.

Fleurs.

Les Tubéreuses en s'épanouissant commencent à exhaler leur odeur délicieuse; les Giroflées, les Œillets, les Résédas, leur disputent cet avantage ; les Martagons, les Soleils, la Rose trémière, la Capucine, le Géranium, s'empressent de fixer l'œil par l'éclat de leurs couleurs.

AOUT.

'Ouvrage à faire au Jardin.'

Grands arrosemens.

Récolte générale des graines des plantes légumineuses.

En pleine terre , on sème des Raves pour l'automne , des Épinards pour Septembre , des Mâches , des Laitues à couper pour les salades d'hiver , et des Laitues à coquilles , afin d'en avoir de pommées en automne.

On replante les Choux d'hiver , les Chicorées , les Laitues royales et perpignanes , qui sont d'un grand usage en automne.

On lie la Chicorée pour la faire blanchir.

On achève de palisser et de découvrir peu à peu les fruits , tels que les Pêches et les Pommes d'Api , afin de leur faire prendre une belle couleur.

On coupe les vieux montans des Artichauts, et l'on foule ou l'on arrache les feuilles des racines légumineuses, pour les faire grossir.

On profite du renouvellement de la sève pour greffer en flûte et en écusson.

On arrache les traînasses des Fraisiers, et, pour en rendre les pieds plus vigoureux, on en coupe les vieux montans.

On veille à la maturité des Figues et à leur conservation contre l'attaque des insectes.

Produits du Jardin.

Fruits.

Abricots , Griottes , Groseilles , Prunes , Figues , Pêches , Poires et Pommes d'été. Vers la fin du mois : Raisins hâtifs , Melons , Ananas.

Plantes légumineuses.

Toutes sortes de légumes comme en Juillet : Concombres, Pois en cosses, Haricots, Choux-fleurs , Artichauts , Laitues pommées , Chicorée blanche , Céleri , Épinards , Pourpier doré , Potirons.

Fleurs.

Quelques-unes des fleurs qui ont paru le mois précédent conservent encore de l'éclat : dans celui-ci viennent se joindre la Rose et l'Œillet-d'Inde, l'Amaranthe, le Tricolor, la Belle-de-Nuit, l'Œillet de la Chine, la Reine-Marguerite, la Balsamine, le Bouton-d'Argent, l'Héliotrope, etc.

Dans les bosquets, fleurissent le Genet d'Espagne, l'Althæa-Frutex, etc.

SEPTEMBRE.

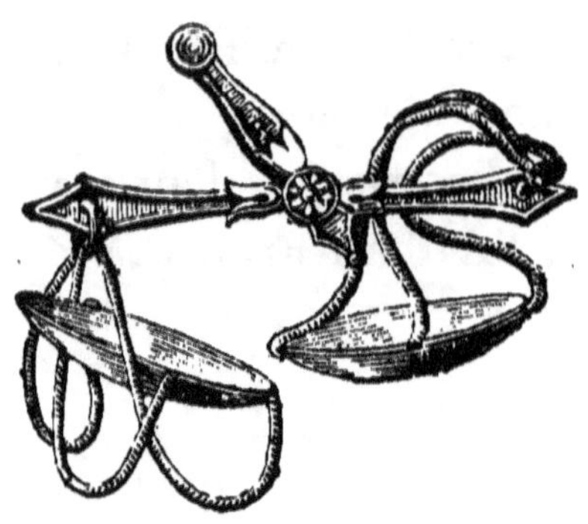

Ouvrage à faire au Jardin.

C'EST le mois où se reconnaît la diligence du Jardinier : s'il a été attentif et soigneux à exécuter toutes les opérations prescrites dans les mois précédens, il n'est aucune partie du jardin qui ne soit actuellement couverte de plantes légumineuses, ou semées ou replantées.

Jusques au 15 et au 20, il replante sur bonne terre de couche, ou bien amendée, des Chicorées et des Choux-fleurs d'hiver.

Il sème des Epinards pour Février et Mars.

Il lie, avec de la paille neuve, les Choux-fleurs dont la pomme se forme, et quelques Cardons d'Espagne, afin d'en avoir de blancs à la fin du mois ou au commencement d'Octobre.

Il lie pareillement le Céleri, le botte en temps sec, et coupe l'extrémité de toutes les feuilles, afin qu'il n'y monte plus de sève, et que le pied grossisse.

Il couvre de terre les Oseilles coupées.

Il fait des couches de Champignons.

Il fauche ou tond, pour la troisième et dernière fois, les Gazons des tapis et des allées.

Vers le 15, il greffe les Pêchers sur des Amandiers ou sur d'autres Pêchers en place.

A la fin du mois, il sort de terre les Tubéreuses qui ont fleuri sur couche ; et après en avoir coupé le *blanc*, et les avoir bien lavées, il les fait sécher dans la serre, ou dans un lieu aéré et chaud.

Produits du Jardin.

LES fruits rouges ne paraissent plus guères sur une table délicate ; ils sont flétris ou tournés.

En dédommagement, quelques Fraises, et les Prunes de Monsieur, la Reine-Claude, la Damas, la Saint-Julien, s'y présentent avantageusement. Mais en général, les Pêches y obtiennent, par leur coloris brillant et velouté, et par leur eau délicieuse, les premiers suffrages de l'œil et du goût, lorsque l'Ananas ne peut se montrer pour les leur disputer ; le Raisin de treille, bien mûr, le Chasselas, le Muscat d'Alexandrie ne paraissent pas sur la fin de ce mois, ou au commencement d'Octobre, sans trouver des appréciateurs. Quant aux Poires, la Bergamote, l'Orange musquée, la Cassolette, le Rousselet, la Saint-Louis, la Grise-Bonne, la Sanguignole, la Fondante de Brest, le Gracioli pour compote, etc.; et en fait de Pommes, la Reinette blanche et grise, le Calville, la Pomme-figue sans pepins, s'y présentent comme les dons les plus abondans de Pomone. Enfin, l'Epine-Vinette sans pepins, les Noix en cerneaux, les Noisettes franches, les Marons dans leur nouveauté, viennent s'offrir pour former le dessert en fruit le plus complet.

Plantes légumineuses.

Abondance de Chicorée blanche, de Choux pommés, Pois carrés, Laitues, quelques pieds de Céleri plein et flagellé, et, par hasard, quelques bons Melons.

Fleurs.

En plein air, les Tubéreuses exhalent encore leur parfum, ainsi que les Œillets, les Giroflées, les Narcisses d'automne, la Belladona, et dans les bosquets, les Jasmins d'Espagne, des Açores et d'Arabie.

OCTOBRE.

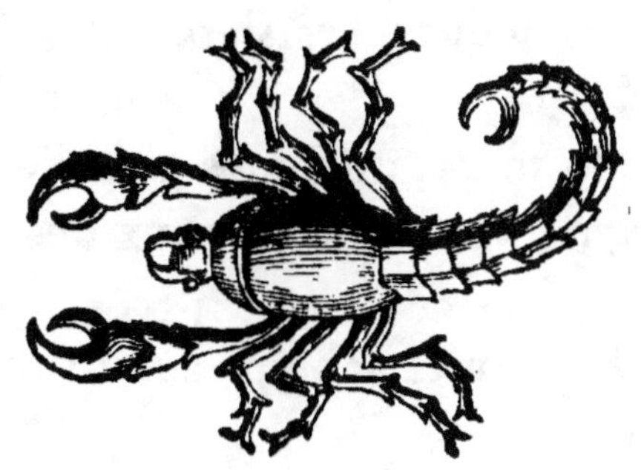

Ouvrage à faire au Jardin.

La propreté du Jardin n'est pas à négliger dans ce mois ; du reste ce sont presque les mêmes ouvrages que durant le mois précédent.

Les paillassons doivent être prêts à venir au secours des plantes tendres, menacées par les premières gelées.

Vers le 10 ou le 12, les Ananas doivent rentrer dans la serre chaude pour y trouver la température que le climat leur refuse.

Vers le 15, en temps sec, récolte générale des fruits à pepin.

Les Laitues d'hiver, plantées sur couches ou à de bons abris, payent, à la Saint-Martin, la peine qu'on a prise pour les cultiver ; et les Épinards semés dans ce mois, sont assez en état de payer leur tribut aux Rogations.

Lier et buter encore du Céleri.

Défaire les couches, transporter le terreau sur les planches.

Planter les jeunes Fraisiers et les Buis en bordures.

A la fin du mois, quelques jardiniers plantent les Oignons à fleurs, et ceux des plantes bulbeuses.

Donner le dernier labour aux terres fortes et humides.

Ouvrir, en temps doux et aux rayons du soleil, les fenêtres de la serre.

Produits du Jardin.

Fruits.

Encore quelques Pêches; pour poires : le Beurré-gris-doré, la Verte longue, le Doyenné, le Berri-de-la-Motte, le Messir-Jean, la Bergamotte, la Panachée ou Suisse, le Sucré vert; pour pommes : les Reinettes, le Fenouillet gris, la Pomme d'Api, le Pepin doré, la Non-pareille, le Pigeonnet de Rouen; Raisins, Noix vertes, Noisettes écaillées, Marons.

Plantes légumineuses.

Petits Pois carrés, Scorsonères, Salsifix, Choux-fleurs, Artichaux, Épinards, Champignons, Céleri, Raves, Laitues, Oseille.

Fleurs.

Les plantes délicates commencent à se ressentir du froid ; les Fleurs n'offrent plus qu'un coup-d'œil languissant ; cependant les Lys de Gernesey, et une espèce d'Oculus-Christi, ré-sistent encore assez à l'impression de l'air humide et froid, pour étaler leurs couleurs.

Pour obtenir de Flore des présens plus fla-teurs, il faut avoir recours à la serre, aux couches sous châssis et aux cloches ; si on leur a confié à propos les Oignons, les Griffes et les plantes odorantes, l'œil y retrouvera, dans ce mois, une grande partie des couleurs et des nuances qui l'ont enchanté dans la belle saison.

NOVEMBRE.

Ouvrage à faire au Jardin.

Le jardinier actif doit se préparer à lutter vivement contre le perfide aquilon : pour défendre les plantes de son soufle destructeur, ou de son impulsion flétrissante, il étend de la paille sèche sur toutes celles qui ont besoin de ce secours ; il lie et couvre les chicorées un peu fortes ; couvre et bute les Artichaux, coupe les montans des Asperges dont la graine est mûre, et réchauffe les couches qui en doivent produire de nouvelles.

A la faveur de ces couches, des cloches et de la serre chaude, s'il veut faire renaître la jouissance du printemps au milieu de l'hiver, il sème des Laitues vertes, replante, sous le même abri, des pieds de Baume et d'Estragon pour les fournitures, ne néglige pas la Chicorée sauvage, sème des Raves pour Janvier, et des Pois pour en avoir de primeur.

Veillant à la conservation des plantes et racines légumineuses pendant l'hiver, il transporte dans la serre les Carottes, Panais, Betteraves, Choux-fleurs, Cardons d'Espagne, Céleri, et tous les autres végétaux comprenant les plantes et les arbustes qui ne peuvent soutenir l'inclémence de la saison ; il donne un labour général et profond, replante les choux pommés, afin d'en avoir de la graine, et met en terre les Tulipes panachées.

Il n'oublie pas non plus que ce mois est surtout convenable pour la plantation des arbres fruitiers et d'ornement.

Produits du Jardin.

Fruits.

En poires : la Crassane, la Saint-Germain, l'Épine et la Merveille d'hiver, sont en état de paraître sur la table.

En pommes : la Reinette, le Fenouillet, l'Api, les Calvilles, continuent d'y figurer agréablement.

Quant aux Poires et Pommes à cuire, l'office tire un grand parti de l'Angélique de ronce, du Franc-Réal, du Catillac, de la Poire de livrée, de la Poire Saint-François, de la Solitaire, de la Poire de Naples, des Reinettes, des Calvilles, des Francatus et des Rambours.

Le Raisin conservé se présente encore avec quelque fraîcheur, et obtient d'autant plus les honneurs du goût, qu'il est bien rare que les Fraises viennent les lui disputer.

Plantes légumineuses.

Le tribut du Jardin commence à devenir moins abondant dans ce genre de productions; cependant on a encore des Epinards, de la Chicorée, du Céleri, des Laitues, des Salades vertes, des Racines, des Choux-fleurs, etc., et bien d'autres plantes et légumes usuels, si l'on fait usage, avec les soins convenables, de la serre, des couches sous châssis et des cloches.

Fleurs.

Aucune Fleur n'est plus, dans ce mois ainsi que dans les suivans, un don de la nature; il faut recourir à l'art pour en obtenir. Par le secours des couches ou de la serre chaude, on peut avoir des Jacinthes, des Semi-doubles, des Ananas.

DÉCEMBRE.

Ouvrage à faire au Jardin.

Nous voici au mois où le tableau du Jardin se présente sous le plus triste aspect ; le soleil qui, en achevant son cours, se prépare à remonter sur l'horison, et à ouvrir une nouvelle année, ne prête que bien peu sa douce influence aux productions de notre sol. Cependant, dans le commencement de ce mois, on peut semer les premiers Pois sur quelques ados à l'abri, pour en avoir au mois de Mai.

C'est aussi le mois où l'on distribue les amendemens, où l'on fait les treillages, et où l'on prépare la formation des pépinières, en mettant les amandes en terre pour germer.

Sur une couche neuve, faite de bon fumier, on peut, lorsque la première chaleur en est passée, semer, sous cloches, de bonnes Laitues :

quand ces plantes sont fortes, on enlève en motte les plus vigoureuses, pour les replanter d'espace en espace, convenablement, sur une autre couche, où on les soigne et les garantit par des cloches, des paillassons et d'autres couvertures, jusqu'à ce qu'elles soient pommées.

Si le temps a été doux, et que plusieurs légumes couverts et butés (le Céleri, la Chicorée,) soient restés en terre, il ne faut pas attendre plus long-temps pour les confier à la serre, dans du sable bien sec.

Produits du Jardin.

Fruits.

La Virgouleuse, l'Ombrette, l'Échasserie, la Saint-Germain, la Bézi de Chaumontel, la Royale d'hiver, l'Angélique de Bordeaux, la Bergamotte de Pâques, la Muscadelle Allemande, la Bergamotte d'Hollande, sont les espèces de Poires qui commencent leur tribut, d'autant plus intéressant qu'il se prolonge jusqu'en Mars et Avril.

Les Reinettes, la Fenouillette, l'Api, le Calville, etc., ne cèdent point en constance dans leur hommage.

Plantes légumineuses.

Si l'on a bien réchauffé les couches, l'Asperge est le légume de primeur, qui annonce les nouvelles productions que l'art peut obtenir dans les mois suivans ; et quand le jardinier a été soigneux, on ne manque pas de Choux, d'Oignons, de Navets, de Céleri, de Chicorée, d'Épinards, etc.

Fleurs.

Dans les pots cultivés dans la serre ou dans les couches sous châssis, les Jacinthes, les Narcisses, les Tulipes hâtives, les Anémones, les Cyclamens ne se refusent pas à l'hommage que le sentiment désire de rendre dans un jour de fête qui l'intéresse.

MÉMOIRES

ET

REMARQUES DÉTACHEES.

Le jardinage, cet art charmant, né du travail le plus opiniâtre et de la plus heureuse industrie, nous a enrichis de fleurs doubles, de fruits aussi admirables par leur grosseur et par l'éclat de leur robe, que par la délicatesse de leurs sucs et la diversité de leurs goûts; nous lui devons les tendrons, les asperges, les herbes potagères, les savoureux légumes. Toutes ces richesses s'évanouiraient si l'homme suspendait ses peines. Les plantes qui nous donnent d'aussi précieuses dépouilles, abandonnées à elles-mêmes dans un sol négligé, reprendraient un naturel agreste; ainsi la vigne, mère des doux raisins, n'en produirait que d'acides; à la suavité de la reinette succéderait la pomme sauvage; au lieu des sucs délicieux de poire, une chair revêche affecterait le palais; l'abricot, charme de l'odorat et du goût; la pêche, pleine d'un suc relevé, n'offriraient qu'une substance sèche et pâteuse; plus de douces amandes; l'asperge résisterait aux dents, la cerise les agacerait; les laitues s'armeraient d'épines; tous les légumes, enfin, et tous les fruits détériorés, deviendraient vils et rebutans.

LINNÉE.

2 *

DU JARDINAGE.

L'ART du jardinage, portion la plus noble de l'agriculture, consiste à cultiver, dans un espace particulier de terre, les arbres fruitiers, les plantes potagères et usuelles, les arbres de simple ornement, les fleurs, les plantes curieuses. Il se propose moins le plaisir d'avoir un terrain fourni de légumes et de fleurs, bien planté et orné de quantité d'arbres chargés de toute espèce de fruits, que l'utilité qui naît du travail et de l'industrie à les faire fructifier.

Le jardinage réunit toutes les opérations de l'agriculture, mais dans des vues bien plus relevées. Le jardinier ambitionne plus la jouissance d'un terrain bon, bien dressé, favorablement exposé, et fourni de tout ce qu'on peut désirer en chaque saison, que la possession d'une espace de terre immense.

Il y a cette différence entre le jardinier et le laboureur, que celui-ci n'a pour but que l'abondance, et qu'il ne cultive la terre que pour le seul profit, sans se mettre en peine d'orner et d'embellir son ouvrage. Son travail, quoique d'une plus grande importance pour le bien de la société, est néanmoins fort borné ; l'art et l'industrie y ont moins de part qu'une certaine routine et l'usage des lieux. Ses terres, une fois ensemencées, restent dans la situation où il les a mises, sans requérir de sa part que de légères attentions ; et son ouvrage, bien ou mal fait, ne

peut être réformé : toujours, il travaille au hasard, et le succès est moins le fruit de ses peines
que l'effet des saisons et du temps. Le jardinier,
au contraire, outre l'utilité et cette abondance
qu'il se propose de tirer des différentes façons
qu'il donne à la terre, observe de plus l'ordre,
la symmétrie, une méthode réglée et raisonnée,
ainsi que la propreté. Il consulte le plaisir des
yeux; ses soins et sa vigilance influent du moins
autant sur le succès de ses entreprises que la nature et la disposition du temps. Il se rend maître,
jusqu'à un certain point, des saisons, par les divers
moyens que lui suggère l'industrie ; et toujours
en garde contre l'intempérie de l'air, il brave
pour ainsi dire les orages, il les prévoit et pare
leur maligne fureur. Au milieu des hivers il fait
briller les charmes du printemps, et goûter les
délices des fruits et des légumes de l'automne.

Roger Schabrol.

LE PRINTEMPS ET LES FLEURS.

Du milieu de cette île, un berceau toujours frais
Monte, se courbe en voûte, et s'embellit sans frais
De touffes d'aubépine et de lilas sauvage,
Qui, courant en festons, pendent sur le rivage.
Plus loin, ce même enclos se transforme en verger,
Où l'art négligemment a pris soin d'arranger
Les arbustes nombreux que Pomone rassemble ;
Autour d'eux je vois naître et s'élever ensemble
Et des plantes sans gloire et de brillantes fleurs ;
Un amoureux Zéphir en nourrit les couleurs ;

L'iris de la Tamise échappe au sein de l'herbe,
Et brille sans orgueil au pied du lis superbe.

. . . .

. . . .

L'œillet au large front, la pleine renoncule,
Le bluet qui, bravant l'ardente canicule,
Emaillera les champs de la blonde Cérès ;
Le chevrefeuille ami de l'ombre des forêts,
Le sureau, le lilas, l'épaisse giroflée,
L'églantier orgueilleux de sa fleur étoilée,
De ce beau labyrinthe émaillent les détours.
Ici le frais muguet se marie aux pastours ;
Là, le jasmin doré, la précoce famille,
Brille avec le rosier à travers la charmille.
Ne dois-je toutefois célébrer que l'essain
Des fleurs dont cet enclos a diapré son sein ?
Prés, bocages, forêts, vallons, rochers sauvages ;
Fontaines et ruisseaux sur leurs moites rivages,
Tous les lieux visités des zéphirs inconstans,
Nourrissent aujourd'hui les filles du printemps.

ROUCHER.

PRONOSTICS.

Quand le chant du coucou, perché sur la cîme des arbres nouvellement reverdis, réjouit les hommes par le retour du printemps, si Jupiter fait pleuvoir sans interruption pendant trois jours, les semences lèveront dans ce court intervalle.

HÉSIODE.

Cette phrase poétique d'Hésiode, signifie seulement que les pluies chaudes du printemps avancent la germination. Les anciens, aussi bons observateurs que nous, n'ignoraient pas que les graines des différentes plantes, sont plus ou moins de temps à lever. Il y en a de très-promptes, et qui ne restent qu'un jour en terre; tandis que d'autres demeurent des mois et même des années: mais une saison plus ou moins favorable, des temps plus ou moins humides, causent toujours quelques variations dans cette durée, et avancent les graines ou les retardent. Les plantes les plus hâtives sont les graminées; ensuite les crucifères, les légumineuses, etc. On n'en connaît point de plus tardives que les rosiers, les noisetiers.

Le froment, le millet lève en . . . . 1 jour.
L'épinard, la fève, le haricot, la rave
   le navet en. . . . . 3 jours.
La laitue en. . . . . 4 jours.
Le melon, le cresson en. . . . . 5 jours.
La poirée en. . . . . 6 jours.
L'orge en. . . . . 7 jours.
Larroche en. . . . . 8 jours.
Le pourpier en. . . . . 9 jours.
Le chou en . . . . 10 jours,
Le persil en. . . . . 40 jours.
Le pêcher, le châteignier en . . . 1 an.
L'aubépine, le rosier, le noisetier,
   le cornouillier en. . . . . . . 2 ans.

Il faut, pour sonder les mystères de la nature, ne pas la quitter presque d'un instant; dès que vous la perdez de vue, elle vous échappe: toujours elle prend plaisir à se cacher, toujours elle

se masque et se travertit ; vous vous flattez d'être
parvenu à une découverte, en conséquence de vos
observations et de quelques expériences particu-
lières ; vous les réitérez, et vous trouvez tout
changé, au point qu'aucune de vos observations
ne cadre avec ce que la nature vous a fait aperce-
voir quelques mois, quelques jours auparavant,
et souvent au moment où vous croyez l'avoir sai-
sie dans son vrai point.

POT-POURRI.

Le soleil, tous les ans, recommence son cours ;
Ainsi roulent en cercle et la peine et les jours.

———

Dès que l'homme eût soumis les champs à la culture,
D'un heureux coin de terre il soigna la pâture,
Et plus près de ses yeux il rangea sous ses lois
Des arbres favoris et des *fleurs* de son choix.

———

Allons de leurs attraits décorer nos jardins ;
Et que le Dieu du goût préside à nos dessins.

———

. . . .

Ménagez avec art leurs brillantes faveurs ;
Que chacune apportant ses parfums, ses couleurs,
Reparaisse à son tour ; et qu'au front de l'année,
Sa guirlande de fleurs ne soit jamais fanée.
Ainsi votre jardin varie avec le temps :
Tout mois a ses bosquets, tout bosquet son printemps.

———

. . . . ,
. . . . Quand le doux chant des grives
Charme dans les forêts les nymphes attentives ;
Armé d'un fer luisant, venez, dès le matin,
Préparer de ces fleurs le berceau souterrain.
Là, docile au cordeau, vous rangez par famille
Le Narcisse penché, l'odorante Jonquille,
La Tulipe superbe, et cette tendre fleur
Qui du jeune Hyacinthe atteste le malheur.
Jadis de leurs appas le Batave idolâtre
Les allait admirer de théâtre en théâtre,
Et pour un simple Oignon offrant des monceaux d'or,
Triomphait d'obtenir un si faible trésor.

———

Dès l'aube du Printemps, que le travail commence !
Semez, toujours semez ! rien de beau sans semence ;
Préparez donc la terre, et d'une forte main,
En appuyant du pied, enfoncez-y l'airain.
Lorsque vous entendrez l'uniforme ramage
De cet oiseau haï de l'hymen qu'il outrage,
Si la pluie en trois nuits n'interrompt pas son cours,
Les semences, dit-on, lèveront en trois jours.

———

Car le Printemps, surtout, seconde les travaux ;
Le Printemps rend aux bois des ornemens nouveaux :
Alors la terre, ouvrant ses entrailles profondes,
Demande de ses fruits la semence féconde ;
Le Dieu de l'air descend dans son sein amoureux,
Lui verse ses trésors, lui darde tous ses feux,
Remplit ce vaste corps de son âme puissante.
Le monde se ranime et la nature enfante.

———

L'amour dans les forêts réveille les oiseaux ;
L'amour dans les vallons fait bondir les troupeaux ;

Echauffés par Zéphire, humectés par l'Aurore,
On voit germer les fruits, on voit les fleurs éclore;
Le gazon ne craint point les ardeurs du soleil;
Et la vigne, des vents osant braver l'outrage,
Laisse échapper ses fleurs et sortir son feuillage.

———

La nature, en croissant, redouble de largesse,
Une vigueur céleste anime sa jeunesse.
Tout fermente, tout vit, les chênes verdoyans
De leur ombre tardive embellissent les champs.
L'air humide descend sur la terre altérée,
Et répand dans ses flancs la fraîcheur éthérée.
De purs torrens de sève inondent les boutons,
Parfument les sentiers des bois et des vallons,
Rafraîchissent nos sens, et dans l'âme ravie
Semblent renouveller les sources de la vie.

———

Peut-être voudrais-tu, dès la saison de Flore,
Prévoir ce que pour toi l'Eté va faire éclore?
Regarde l'amandier reverdir tous les ans,
Et courber en festons ses rameaux odorans;
Abonde-t-il, en fleurs? par des chaleurs ardentes
Si des feuilles sans fruits surchargent ses rameaux,
Le fléau ne battra que de vains chalumeaux.

———

Il faut savoir aussi d'un regard curieux,
Pour cultiver la terre interroger les cieux :
Leurs signes ne sont pas moins utiles au monde
Pour sillonner les champs, que pour voyager sur l'onde.

———

Sitôt que dans nos champs Zéphyre est de retour,
On y sème la fève; et quand l'astre du jour

Ouvrant dans le terreau sa brillante carrière,
Engloutit Sirius dans des flots de lumière ;
Les sillons amollis reçoivent les sainfoins,
Et le millet doré redemande tes soins.

———

Au dixième croissant de la lune nouvelle,
On peut du fier taureau dompter le front rebelle ;
Planter la jeune vigne. . . . .

———

La vigne veut des soins sans cesse renaissans.
De la terre, trois fois, il faut fendre les flancs,
Sans cesse retrancher des feuilles inutiles,
Sans cesse tourmenter des côteaux indociles.

———

Quand les premiers bourgeons s'empresseront d'éclore,
Que l'acier rigoureux n'y touche point encore ;
Même, lorsque dans l'air qu'il commence à braver,
Le rejeton moins frêle ose au moins se lever,
Pardonne à son audace en faveur de son âge ;
Seulement de la main éclaircis son feuillage ;
Mais enfin, quand tu vois ses robustes rameaux
Par des nœuds redoublés embrasser les ormeaux,
Alors saisis le fer, alors, sans indulgence,
De la sève égarée arrête la licence ;
Borne des jets errans l'essor présomptueux,
Et des pampres touffus le luxe infructueux.

———

L'utile potager à son tour nous invite.
Des présens variés qu'il redouble en ces mois,
Le jardinier ravi ne peut porter le poids.
Chaque planche, attentive à lui payer ses peines,
Lui rend autant de fruits qu'elle a reçu de graines ;
Et l'arbre, quelquefois, sur ses rameaux pendans,
Egale en dons heureux les fleurs de son printemps.

ARROSEMENT.

La terre n'aime pas à se voir arrosée
Quand des feux du midi sa surface embrâsée
Résonne sous vos pas , et ressemble à l'airain.
L'eau que vous lui donnez sur elle coule en vain,
Irrite encor la soif dont elle est consumée,
S'exhale dans les airs, et se perd en fumée.
C'est à l'heure où l'Aurore annonçant le réveil,
Monte dans l'Orient , sur son trône vermeil ;
C'est sur-tout quand l'étoile à Vénus consacrée,
Fait succéder au bruit la tranquille soirée,
Que le sol respirant d'une longue chaleur,
De l'humide arrosoir implore la faveur.
Après un jour brûlant, faible et demi-fanée,
Chaque plante languit sur sa tige inclinée.
Mais lorsque la fraîcheur a coulé dans leur sein ,
Leurs organes vaincus se raniment soudain ;
On les voit reverdir, et pleines de souplesse,
De leur tête à l'envi relever la noblesse.

Castel.

DE LA TERRE,

Et des différens engrais propres à chaque nature de terre.

Hors le tuf et l'argile pure , toutes les terres, et le sable lui-même, sont plus ou moins propres à la végétation , et conviennent plus ou moins à la nature et au tempérament de certaines plantes ; il ne s'agit que de corriger les excès , en donnant , par exemple , à la terre trop légère , le degré de tenacité qui doit lui faire retenir , en suffisante quantité, les eaux de pluie ou d'arrosement et les influences aériformes de l'atmosphère ; et à la terre trop compacte, le degré de légèreté qu'il lui faut pour laisser aux plantes la facilité d'y produire et étendre leurs racines. On donne du corps aux terres trop légères, en les mêlant avec des terres compactes : celles qui, au contraire, sont trop compactes, acquerront de la mobilité par le mélange d'autres terres sablonneuses. Mais toutes auront besoin d'être plus ou moins fumées ; les unes pour réparer les sucs et leurs sels épuisés ; les autres pour leur donner ce qui leur manque par leur nature : c'est l'unique moyen d'en pouvoir tirer du profit.

En général, les bonnes terres sont celles qui sont fraîches et un peu roussâtres ; il y en a aussi de très-bonnes qui sont noires. Voyons suivant les principes d'agriculture de Sultières, quels sont les mélanges, engrais et fumiers, qui conviennent à chaque nature de terre.

Pour les terres *sableuses* et *sablonneuses*, qui sont des plus stériles, il faudrait faire transporter, sur ce terrain, cinquante tombereaux par arpent de bonne terre, quand même elle serait mêlée d'argile. Cette espèce d'engrais pourra durer trois ans, sans qu'il soit nécessaire d'en mettre d'autres. Si l'on manquait de terre, on pourrait employer des décombres de vieux bâtimens ; mais alors il faudrait y ajouter du fumier de vache, qui ne serait pas trop consommé. Dans le cas où l'on n'aurait pas assez de fumier de

vache, on y ajouterait un peu de celui de cheval. Il faudrait six voitures par arpent, et mettre
le tout lors du premier labour, au commencement de l'hiver, afin que tous ces ingrédiens aient
le temps de jeter leur feu.

Les terres *caillouteuses*, *pierreuses* et mélan-
gées de terres casses (cassantes quand elles
sont sèches), n'ont besoin par arpent, que de
cinq voitures de fumiers de vache et de cheval,
mélés ensemble.

Les engrais qui conviennent le mieux aux terres
casses, rougeâtres, glaiseuses, glutineuses,
sont des fumiers mêlés, un peu de marne, des
gazons, ou des terres meubles à la place [des
gazons; cinq voitures de ces fumiers mélangés et
non consommés, suffisent par arpent.

Les terrains composés de terre rougeâtre, ou
blanchâtre et un peu d'argile, et qui sont humides par leur nature, doivent être engraissés
avec du fumier de cheval, auquel on pourrait
ajouter du fumier de bergerie; quatre voitures
de cet engrais, qui ne serait pas trop consommé,
suffisent par arpent.

Les terres froides et humides, de quelle nature qu'elles soient, ne peuvent être mieux
amendées que par la marne, à moins qu'elles
n'aient un fond marneux ou crayonneux.

Pour donner du corps à une terre légère, trop
meuble ou veule, il faut la mêler avec une
terre forte ; s'il n'y en avait pas dans le voisinage,

il faudrait avoir recours au fumier de vache un peu consommé.

Il faut observer que la trop grande quantité de fumier nuit aux productions, et les rend *veules* et *maigres*, et que si l'on emploie les fumiers sans être consommés, on doit les mettre en terre au commencement de l'hiver, pour leur donner le temps de jeter leur feu et de se pourrir, afin qu'ils puissent bien se mêler et s'amalgamer avec la terre, par le moyen d'un labour au printemps; car si l'on attend cette dernière saison, il faut alors faire usage de fumiers bien consommés, surtout pour les jardins. Les engrais faits avec les végétaux, n'ont pas beaucoup de force, et ne durent pas long-temps.

Ces principes, qui sont plus particuliérement pour les terres labourables, peuvent s'appliquer, avec grand succès, aux terrains que l'on destine à faire des potagers, et ceux qui les ont suivis en ont retiré tout le profit qu'ils devaient en attendre.

DELAUNAY.

—

La meilleure terre pour les orangers comme pour les couches, est celle des taupinières, dont la fouille est faite dans de bons terrains de bas-prés, elle est peut-être préférable au terreau, qui est ordinairement trop délié, et dont les sucs ne sont pas assez solides.

Toutes les terres ne sont pas propres à la culture des choux-fleurs : le moyen d'en avoir en quelqu'endroit que ce puisse être, consiste à n'en jamais semer ni planter que dans une terre factice ; c'est-à-dire, d'employer, dans les terres humides et pesantes, le terreau vif de cheval ; celui de vache dans celles qui sont légères, sèches et sablonneuses, et d'en remplir les trous : c'est ainsi que doivent être plantés les choux-fleurs.

Le cardon d'Espagne vient beaucoup plus facilement que le chou-fleur, dont il diffère peu quant au régime.

— Comme il y a deux choses qui produisent les fleurs, savoir, les racines et les oignons, aussi y a-t-il deux sortes de terroir propre à les faire venir ; l'un, composé d'une terre grasse et liante, et l'autre d'une terre maigre et légère : c'est une règle générale que toutes les racines demandent une terre grasse et bien détrempée, qui ait au moins l'espace de trois ans à apprêter et à assaisonner, et qui n'ait point de méchante odeur.

Les oignons, au contraire, se plaisent dans une terre maigre et légère ; et celle des jardins, pourvu qu'elle soit un peu amendée, leur est meilleure que toute autre.

Il la faut changer tous les trois ans : pour cet effet, on ôte de chaque blanche environ la hauteur d'un demi-pied, et on la remplace par de la nouvelle.

Le temps le plus propre pour semer et planter les oignons des fleurs, est depuis la mi-septembre jusqu'à la fin d'octobre, parce que les pluies qui sont alors fréquentes, rafraîchissent et détrempent la terre, dont la grande sécheresse fait mourir les plantes. On plante aussi, avec succès, en pleine lune de mars.

DELAQUINTAYE.

DES COUCHES.

On les fait avec du grand fumier de cheval nouvellement sorti de l'écurie, que l'on dispose en carreaux, et par-dessus lequel on met huit à neuf pouces de terreau, c'est-à-dire, de fumier réduit absolument en terre : ils doivent être hauts de trois à quatre pieds, larges de quatre, et placés au midi. Avant d'y rien semer, on laisse évaporer, pendant huit à dix jours, la chaleur du fumier. L'usage des couches convient aux pays froids et tempérés, pour avoir, en toutes saisons, des salades et d'autres fournitures, et pour y élever des melons et des champignons : on fait aussi des couches pour y élever des fleurs. Afin de conserver la chaleur des couches, et pré-server du froid les graines, on les couvre avec des cloches ou avec des châssis, couverts eux-mêmes de paillassons ou de grandes pailles dans le temps des gelées. On doit réchauffer les cou-ches de temps en temps, c'est-à-dire, remettre

autour d'elles du nouveau fumier qui porte sa chaleur dans l'ancien , et qu'on appelle *réchaud*.

Couches pour laitues de primeur.

1°. Vers la mi-octobre, faire une couche très-
légère (parce qu'alors il faut peu de chaleur arti-
ficielle), la couvrir de trois ou quatre pouces de
bonne terre grasse et meuble, ou de terreau bien
consommé ; y semer de la laitue-gotte : pour
briser les rayons du soleil qui pourraient échauder
la semence , on a la précaution de jeter un peu de
paille sur les cloches. Lorsque la graine est bien
levée, ne plus mettre de paille, laisser croître
le plant jusqu'à ce qu'il soit assez fort pour être
repiqué. 2°. Alors , faire avec du fumier neuf
une couche (ou plusieurs) en glacis, incliné au
midi et au levant , suivant l'exposition du terrain. (Le derrière de la couche aura de dix-huit
à vingt-quatre pouces de hauteur ; le devant
n'en aura que le tiers, afin qu'elle présente mieux
sa surface au soleil , et les pluies s'écoulent davantage.) La garnir de terre ou de terreau
comme la précédente, repiquer le jeune plant, le
visiter souvent pour retrancher toutes les feuilles
pourries ou attaquées du blanc. Cette couche ne
doit avoir qu'une tiédeur ou chaleur très-douce ;
car si elle était chaude , et que des temps trop
rudes obligeassent de la couvrir, avec des cloches
et des paillassons, le plant périrait : 3°. enfin , en
février, faire , avec du fumier neuf , des couches
de deux pieds et demi ou trois pieds de hauteur,

bien foulées et marchées : lorsqu'elles ont jeté leur grand feu, les garnir de six ou sept pouces au moins de bonne terre grasse et légère. Lorsqu'elles n'ont plus qu'une chaleur douce, y repiquer le plant, ne mettant que cinq pieds sous chaque cloche : donner de l'air aux cloches autant qu'on le peut sans danger : surtout éviter la grande chaleur.

On peut semer de même, en novembre, de la romaine verte, des laitues sanguines de Versailles, de Berlin, de Batavia, etc. Il suffit de les repiquer sur des ados ou à côté de terreau, et de les défendre des fortes gelées avec des paillassons.

Couches pour melons et concombres sous châssis.

Cette culture est fort délicate, et nécessite de grands soins pour y bien réussir. 1°. Dès le commencement de janvier, faire une couche de trois pieds de hauteur, la garnir de bonne terre, y placer le châssis : lorsqu'elle a jeté son grand feu, y semer les graines, la réchauffer, et soutenir une bonne chaleur, jusqu'à ce que le plant soit en état d'être transplanté. Si les couches sont sourdes, c'est-à-dire enterrées, il est bon, lorsqu'elles sont montées en fumier au tiers de leur hauteur, de mettre huit ou dix pouces de feuilles d'arbres, surtout d'ormes, ramassées dans l'automne et entassées ensuite ; après, achever en fumier : elles soutiennent la chaleur plus longtemps.

2°. Faire de même de nouvelles couches , y transporter le jeune plant. Ces secondes couches se font avec moitié de fumier neuf , et moitié de fumier qui a servi à faire d'autres couches ; les réchauffer et entretenir la chaleur, jusqu'à ce que le plant ait été pincé , et qu'il commence ses premiers bras. (Si l'on sème dans de petits pots , le plant ne sera ni retardé ni fatigué par les transplantations). 3°. Faire une troisième couche plus ou moins haute , suivant la saison. En avril, dix-huit pouces ou deux pieds de fumier suffisent. Les garnir de dix à douze pouces de bonne terre neuve et grasse , préparée de l'année précédente , afin que les engrais ne soient pas neufs ; y placer le plant aux distances convenables.

Les jeunes melons ayant quatre ou cinq feuilles sans compter les oreilles en *cotylédons* , il faut les tailler au-dessus de la seconde feuille , pour obtenir au moins deux branches : cette première taille se fait ordinairement avant de mettre le plant en place ; des branches, lorsqu'elles ont quatre ou cinq feuilles, choisir les deux ou trois plus vigoureuses , et les tailler au-dessus de la seconde feuille. Cela fait pousser de nouvelles branches, qui se tailleront de même : si les deux tailles n'en ont pas donné un assez grand nombre, qui doit être de quatre à huit , suivant la vigueur du pied , choisir celle qui sont fortes , bien placées , garnies de feuilles peu distantes les unes des autres.

Pendant que toutes ces branches se multiplient et se forment, retrancher les branches gourmandes, les faibles, les plates, etc. ; laisser les bonnes branches s'allonger en liberté, jusqu'à ce qu'il y ait du fruit bien noué et arrêté (un sur chaque branche pour les variétés à gros fruit ; deux au plus sur celles des variétés à petit fruit). Alors tailler ces branches à une, deux ou trois feuilles au-delà du fruit, suivant la force de chaque branche.

Après cette dernière taille, il sortira un grand nombre de jets de tous les yeux de la plante ; tous les huit à dix jours en faire la revue, et en supprimer plus ou moins, suivant la vigueur de la plante et le nombre des fruits. Ce dernier point demande du discernement et de la pratique.

S'il vient de fortes gelées, on borne les cloches et on les couvre de paillassons ou de litière : lorsque la graine est levée, il faut garantir le plant du froid et de l'humidité qui s'attache aux cloches et aux châssis, qu'on doit avoir soin d'essuyer souvent. Il est à propos de lui donner de l'air lorsqu'il fait un beau soleil ; mais tenez-le exactement fermé dans les temps de brouillard, de neige et de pluie froide. Il est nécessaire d'entretenir une chaleur modérée.

On sème la graine de melon, depuis le commencement de janvier jusqu'au mois de mai. Les premiers et les derniers semés sont des cantaloups et des melons de la petite espéce, qui donnent plus promptement leurs fruits que les autres. Depuis la mi-avril, on peut semer en place ; les branches de la plante prennent racine en les marcottant, ainsi que les boutures.

On cultive encore, avec succès, les melons en pleine terre, mais on ne réussit que dans les années chaudes et sèches. Vers la mi-avril, on sème, dans des pots, de la graine de melons des espèces les plus hâtives : on place les pots dans une couche, et lorsque le plant est formé jusqu'à la première taille, on le plante en motte au pied des espaliers exposés au midi ; on met au-dessus un abri quelconque, qui, sans lui ôter le soleil, le garantisse des pluies. Le fruit mûrit plus tard ; mais s'il réussit, il a beaucoup plus de goût que les autres melons de la même espèce. Observez que la terre où l'on élèvera le melon, doit avoir beaucoup de substance.

Delaunay.

DES PÉPINIÈRES.

Du Terrain.

Croire que des arbres élevés dans un mauvais terrain se rétablissent facilement, et prennent promptement vigueur, étant transplantés dans une terre fertile et bien cultivée ; c'est une erreur. Ces arbres étiques, tortus, rabougris, galeux, chargés de mousse, dépourvus de bonnes racines, languissent long-temps ou périssent, pour la plupart, suffoqués par l'abondance d'une nourriture trop forte et trop substancielle, pour la délicatesse de leurs fibres et de leurs organes. Croire qu'un arbre élevé dans un bon terrain humide, fumé, engraissé et bien cultivé, se soutiendra avec succès, étant transplanté dans un terrain maigre, sec ou médiocrement bon ; c'est une autre erreur. En passant de l'excès dans l'indigence, il tombe dans la langueur et le dépérissement.

Choisissons donc, pour établir une pépinière, une bonne terre franche, plus sèche qu'humide. Pendant l'été, il faut la défoncer à deux pieds de profondeur, et la passer à la claie si elle est pierreuse ou seulement graveleuse ; si elle ne l'est point, cette opération n'est pas nécessaire, mais très-avantageuse.

Si le terrain a besoin d'être amendé, il faut que ce soit avec des terres neuves de bonne qualité, qu'on y mêle en faisant le défoncement, et non pas avec des fumiers, parce que, non-seulement, il ne se forme dans le fumier que de petites racines noires, faibles et mal conditionnées ; mais encore parce qu'il attire des vers blancs qui endommagent les racines, et souvent font périr les jeunes arbres.

Le terrain étant ainsi préparé, on le laisse rasseoir jusqu'à la mi-mars ou au commencement d'avril, ou au moins jusqu'au mois de novembre (quelques jardiniers conseillent de le laisser rasseoir pendant un an) ; avant de le garnir de petit plant ou de semence, on lui donne un léger labour pour détruire les mauvaises herbes : à moins que le terrain ne soit très-mauvais (ce que je ne suppose pas), on peut compter qu'étant façonné comme nous l'avons dit , les arbres s'y éléveront bien , et réussiront dans toutes les terres où on les transplantera.

Des Semis.

Les amandes destinées à faire des semis doivent germer pendant l'hiver, afin qu'au printemps elles sortent plutôt de terre, et courent moins risque d'être mangées par les mulots, les pies, les corneilles, les geais, etc.

Les uns piquent ces amandes en terre, le bout pointu en bas, et tout près les unes des autres ; ils ne mettent point de terre par-dessus, mais ils les couvrent d'une planche qu'ils chargent de grosses pierres. Cette opération étant faite en décembre ou janvier, l'humidité de la terre suffit pour faire germer les amandes qu'on trouvera en état d'être plantées en avril.

D'autres en novembre (et c'est la pratique la plus ordinaire) mettent alternativement un lit de deux pouces de sable gras et humide, et un lit d'amandes dans un baquet, mannequin, tonneau défoncé par bout ou autre vaisseau ; ils le placent contre un mur exposé au midi, et lorsqu'il vient de fortes gelées, ils le couvrent avec de la litière, ou bien ils le renferment dans une orangerie, une cave, un cellier ; et ils ont atten-

tion de visiter de temps en temps les amandes ;
pour les mouiller un peu si les germes ne commencent pas à se montrer en février, ou les tenir
plus sèches si les germes sont trop allon-
gés : étant essentiel qu'elles soient germées avant
d'être plantées, mais qu'elles ne soient pas trop
avancées ; car alors il est très-difficile de les retirer du sable et de les planter sans rompre
beaucoup de plumes ou tiges naissantes, si elles
sont déjà développées, ou au moins de racine et
de chevelu. Or les amandes épuisées par ces productions ne pourraient en former de nouvelles.

Les pépiniéristes ne mettent les amandes et
autres noyaux dans les sables, que du 1er. au 15
janvier ; au défaut de sable, on peut se servir de
terre bien meuble.

Quelques pépiniéristes assurent aussi qu'il ne
faut point semer les amandes dans le même terrain qui les a produites, et qu'ils ont éprouvé
que la greffe ne réussit pas bien sur les sujets qui
en proviennent.

Dans le commencement d'avril, on trace au
cordeau, sur le terrain préparé à recevoir ces
amandes des raies distantes entre elles de deux
pieds et demi ou trois pieds, et par un beau temps
on tire les amandes du sable ; on en coupe ou
pince la radicule, afin qu'il se forme un bel
empatement de racines, et non pas un pivot qui
rendrait très-difficile et très-incertaine la reprise
de ces arbres lorsqu'on les transplanterait. On les

met dans une manne, et on les porte au lieu où elles doivent être plantées. Des jardiniers font avec la cheville des trous distans de vingt ou vingt-quatre pouces les uns des autres dans les raies qu'ils ont tracées au cordeau; ils y mettent les amandes à trois ou quatre pouces de profondeur, les couvrant de terre avec la pointe du plantoir, et plombent doucement la terre avec le pied, supposé qu'elle ne soit pas assez humide pour se pétrir. Les germes ne tarderont pas à sortir de terre, et dès la fin d'août ou la mi-septembre de la même année, une partie des jeunes amandiers sera assez forte pour être écussonnée en œil dormant pour des arbres nains: les plus faibles seront écussonnés l'année suivante, ou la troisième année.

Les noyaux de pêches, de prunes et d'abricots se traitent de la même façon que les amandes; on les fait germer dans le sable, on les met en terre à la même distance et à la même profondeur. Les sujets de pêchers sont pour la plupart assez forts pour être greffés en œil dormant dès la fin d'août de la même année, pour des arbres nains; ceux du prunier et d'abricotier ne sont ordinairement en état de recevoir l'écusson que la seconde année. Cependant, en mettant vers le commencement de janvier des noyaux d'abricots trempés dans de l'eau claire, qu'on change et renouvelle tous les deux ou trois jours; au bout d'environ deux ou trois semaines on voit ces noyaux entr'ouverts par

le gonflement des amandes ; alors on les plante
dans des pots ou caisses remplis de bonne terre,
on les place sur des fenêtres d'orangerie ou d'autres bâtimens exposés au midi ; et on les préserve
des gelées en les rentrant ou en les couvrant lorsque l'air est trop froid. Avant la fin de février, le
plant est sorti de terre ; on le laisse croître et se
fortifier jusque vers la mi-avril, qu'on le lève en
motte pour le transplanter dans la place qu'on
lui destine ; on le plombe à l'eau, et pendant
quelques jours on le défend du soleil ; pendant
l'été on lui donne quelques arrosemens. Ces sujets, qui ont plus d'un mois d'avance sur ceux
qu'on élève par la méthode ordinaire, prennent
assez de force pour recevoir la greffe de la même
année. Mais ces soins ne conviennent qu'à des
particuliers qui peuvent les prendre, et qui n'ont
besoin que d'un petit nombre de sujets.

Les noyaux de cerise, de merise, de cerise de
Sainte-Lucie, se mettent aussi pendant l'hiver
dans du sable gras et humide. Au mois de mars,
lorsque les fortes gelées sont passées, on fait,
dans le terrain préparé pour recevoir ces semences, des rigoles d'environ deux pouces de profondeur, et distantes les unes des autres de quatre
à cinq pouces. On sème dans ces rigoles les noyaux
pêle mêle avec le sable ; on recouvre le tout d'un
demi-pouce de terre, si elle est bonne, meuble
et légère, ou mieux d'un pouce de terreau de
vieilles couches, ou de feuilles d'arbres bien con-

sommées, ou de marc de raisin, ou de vieux fumier de pigeon. Lorsque ce petit plant est assez fort pour être mis en pépinière, ce qui arrive ordinairement dès la première année, on l'arrache, on lui coupe ou raccourcit le pivot, on le replante aux mêmes distances que les amandes : cette transplantation se fait mieux en automne qu'au printemps; on le greffe à mesure qu'il acquiert de force et la hauteur convenable pour des nains, des demi-tiges, des tiges. Quelquefois ces noyaux, ou une partie, ne lèvent que la seconde année, surtout lorsqu'ils n'ont pas été mis assez tôt dans le sable, ou lorsqu'ils n'ont pas été entretenu dans une humidité suffisante pour avancer leur germination. Les jeunes merisiers qui lèvent dans les bois, étant transplantés en pépinière, deviennent de forts bons sujets.

On stralifie pareillement, dans le sable, les pepins de poires, pommes, coings; mais comme ils ont plus de facilité à germer que les noyaux, il faut tenir le sable moins humide, et les placer dans un lieu moins chaud, afin que leur germination n'ait pas fait trop de progrès en mars, lorsqu'on les mettra en terre. Ils se sèment comme les noyaux de cerises, mais à une profondeur un peu moindre. (Il est plus ordinaire de prendre dans les pressoirs à cidre, du marc de poires et de pommes, de le laisser sécher, ensuite le passer à la claie, le répandre également sur un terrain préparé, et le recouvrir d'environ un demi-pouce de bonne terre meuble). La troisième année, on arrache ce petit plant, pour en couper le pivot, et le replanter en pépinière.

On peut s'épargner les soins de cette première éducation, en transplantant et cultivant en pépinière, du jeune plant de poirier et de pommier, arraché dans les bois, où il en lève beaucoup de pepin.

Quant aux noyaux osseux, tels que ceux d'azérolier, et d'aubépine, on les met dans une fosse creusée dans un jardin ou autre terrain, à telle profondeur qu'ils soient couverts de dix-huit pouces ou deux pieds de terre ; on les laisse dans cet état, jusqu'au second mois de mars suivant ; c'est-à-dire, pendant environ quinze mois : alors on les retire de la fosse, et on les sème comme les noyaux de cerises d'environ un pouce de profondeur.

Nota. 1°. Il est à propos de fréquenter et visiter souvent le terrain où l'on a fait un semis pour écarter les pies, geais, etc., qui arrachent quelques fois le plant, lors même que le germe est sorti de terre de plus de deux pouces. Quelques pépiniéristes couvrent leurs semis de litière, qui les préserve au moins jusqu'à ce que les germes soient sortis de terre ; car alors il faut retirer la paille.

2°. Lorsqu'on met en terre des semences qui ne sont point germées, et qu'on craint qu'elles ne soient devastées par les mulots, il est bon de semer des féveroles ou des fèves de marais entre le rang. Pendant que le mulot qui est très-avide, s'amuse à les manger, les semences germent, et alors elles sont à couvert.

Des boutures.

Le figuier, le groseillier, le coignassier, le pommier de Paradis, le cerisier de Sainte-Lucie, etc. , se multiplient encore par les boutures.

Sur des arbres sains et vigoureux (1), prenez des branches droites, verticales, plutôt que latérales, d'une écorce vive et unie, d'un , deux, ou trois (2) ans ; coupez-les par longeur d'environ un pied , enlevez avec l'ongle les boutons qui se trouvent sur la partie qui doit être enterrée , mais ménagez les supports (3) ou petites tumeurs qui sont à la naissance de ces boutons ; et s'il y a quelques petites branches, rabattez-les à une demi-ligne de leur insertion. Ces branches étant ainsi préparées, plantez-les (4) de quatre à six

______

(1) Les branches d'un arbre faible et languissant ne peuvent fournir à la formation et à la subsistance des productions que doivent faire les boutures. Les branches verticales sont plus vigoureuses et remplies de plus de sève que les horizontales.

(2) Les branches de la dernière sève étant fort tendres, transpirent trop facilement.

(3) Les supports des boutons , et les anneaux de l'insertion des branches , contiennent beaucoup de sève, et sont propres à produire des racines.

(4) Il faut planter et non pas ficher les boutures en terre , de peur de décoler l'écorce , qui s'échaufferait

pouces de profondeur, et autant de distance les uns
des autres, dans une terre franche bien meuble, ou
même passée à la claie, sans terreau (1) ni fumier.
Couvrez la terre de litière (2); enveloppez la partie
hors de terre avec de la mousse retenue lâchement
avec un fil ou un osier; donnez une mouillure
abondante; élevez des planches ou paillassons du
côté du midi, (3), pour préserver les boutures
du soleil; arrosez légèrement, mais fréquemment,
pour entretenir l'humidité nécessaire à la végétation; ne retirez l'abri contre le soleil, que quand
le succès des boutures sera assuré (4) par des pous-

---

et communiquerait bientôt la pourriture au reste de la
bouture.

(1) Le terreau et le fumier empêchent la terre de
serrer et embrasser exactement la bouture.

(2) La litière empêche la terre d'être battue et en-
durcie par les arrosemens, et y entretient l'humidité;
la mousse préserve les boutures du dessèchement et de
la trop grande transpiration. Les boutures s'enracinent
facilement sous cloche, parce qu'elles y ont de l'humidité, de la chaleur, et qu'elles n'y transpirent presque
point.

(3) Le soleil, et une humidité pourrissante, sont
les deux plus grands ennemis des boutures: ainsi elles
seraient très-mal placées au pied d'un mur de terrasse
ou d'un mur très-élevé; mais elles le seraient encore plus
mal au soleil, qui les dessécherait et les ferait périr
en peu de temps.

(4) Quelques feuilles ou petites branches, qui se dé-
veloppent quelquefois assez promptement sur les boutures, ne sont que des marques équivoques de leur

ses déjà grandes et fortes. Cette opération se fait avant le premier mouvement de la (1) sève. L'automne suivant, on déplante ces boutures en racine, pour les mettre en place ou en pépinière.

On donne aux pépinières un labour en janvier ou février, et deux ou trois binages pendant l'été, pour entretenir la terre meuble ; mais dans les terrains chauds et sujets à être infestés de lisets et autres insectes ébourgeonneurs qui paraissent quelquefo s dès le commencement de février, il vaut mieux différer le labour, et ne point détruire les herbes, jusqu'à ce que les boutons des arbres soient développés, afin que ces insectes trouvant de la pâture sur terre, ne montent point aux arbres, dont ils rongent les yeux, et surtout ceux des greffes. Il ne faut donner aux jeunes fruits que des binages ou labours très-légers.

Si les pépinières ne demandent de travaux pénibles que les labours, elles exigent des soins presque continuels : les préserver de la dent pernicieuse du gibier et des bêtes sauvages ; défendre du mulot les plantes des pommiers de doucin et de paradis, dont ils rongent les racines; attacher à des échalas les premières pousses des

---

réussite, qui épuisent leurs sèves avant qu'elles aient pu produire des racines.

(1) Si l'on soupçonne quelque commencement de mouvement de sève, il faut tailler les boutures, les laisser quelques jours exposées à l'air, mais à couvert du soleil, et les planter ensuite.

greffes, lorsqu'elles ne s'élèvent pas droites ; éla-
guer, rabattre, ébourgeonner, nettoyer de
mousse et d'insectes, veiller sans cesse au bien
de ces jeunes élèves, entretenant et fortifiant les
uns, corrigeant les défauts des autres, etc., ce
sont les moyens d'assurer les succès des pépinières.

Plantations d'arbres.

Si les potagers dans lesquels on plante des
arbres en buisson, en évantail, etc., sont neufs,
le terrain étant bon, bien défoncé et préparé, les
arbres y réussiront bien, pourvu que leur espèce
et la nature du sol se conviennent ; mais s'il est
question de renouveler le plant d'un ancien potager, il faut agir comme pour les espaliers ; changer le terrain ou changer le genre d'arbres, rem-
plaçant les arbres à fruits à pepin par des arbres
à fruits à noyau ; ou, au contraire, pareillement
lorsque l'on plante un arbre dans une place qui a
été occupée plusieurs années par un autre arbre
de même espèce, on doit faire une fosse de deux
à trois pieds de profondeur, et d'environ trente-
six pieds carrés d'ouverture, c'est-à-dire, de six
pieds de long et de six pieds de large ; reprendre
les terres qui en ont été tirées sur le terrain voisin,
et la remplir de bonnes terres neuves.

La saison de planter est depuis la mi-octobre
jusqu'en mars, ou plutôt tout le temps que la
sève est dans l'inaction ; car les amandiers fleurissent quelquefois dès le commencement de fé-

vrier, et les abricotiers les suivent de près : en général, il est plus avantageux de planter en automne que vers le printemps : alors on trouve les terres plus saines et plus propres pour cet ouvrage. Les pluies de l'hiver plombent les terres et les attachent aux racines, qui ne laissent pas de travailler pendant cette saison, et l'arbre, dès le premier mouvement de la sève, est tout disposé à bien faire, et en état de donner des preuves de sa reprise et de son succès.

Pour transplanter, on doit préférer un temps sombre, couvert, un peu humide, doux et tempéré, à un beau soleil, à un hâle sec, et surtout à la gelée, afin que les racines soient moins exposées à l'impression du froid et au desséchement.

Il n'est pas rare que les arbres nouvellement plantés, surtout ceux dont la reprise est lente et languissante, soient attaqués des lisets et autres insectes qui en rongent les yeux et l'écorce autour des plaies ; ce qui les fatigue beaucoup, et souvent les fait périr. Il faut les chercher derrière les treillages, ou au pied des arbres, sous les petites mottes de terre, ou les prendre sur le fait, vers le lever et le coucher du soleil, et les détruire. On peut en préserver les greffes, en les couvrant de cornets de papier bien fermes.

Il est essentiel de ne planter aucun arbre, qu'on n'ait auparavant défoncé la terre de quatre pieds en tous sens, quelqu'assuré qu'on soit de

sa bonté. Ce travail préparatoire est également nécessaire aux pêchers nains et à ceux de tige, pour
rendre la terre douce, meuble, friable et péné-
trable, jusqu'à cette profondeur, aux influences
d'en-haut, et à l'air aussi essentiel aux végétaux
que la respiration l'est aux animaux.

C'est mal planter que de mettre un arbre à la
place de celui qui est mort, sans changer auparavant toute la terre du trou. Rien de plus rare
que de voir un pêcher prendre vie dans la même
place où un autre a perdu la sienne, quand il a
été recouvert de la même terre.

On observe encore, avant de planter le pêcher, de l'éloigner dès plantes voraces qui effri-
tent et mangent la terre, et d'ôter soigneusement les racines de chiendent, et de toutes les
herbes qui font des traînasses, ainsi que les re-
jetons des arbres voisins. Le jardinier qui se con-
tente de les enlever sur la superficie de la terre,
les voit sans cesse repousser.

De la Taille.

La taille des arbres fruitiers ayant pour but
leur beauté et leur fécondité, deux objets dont l'un
dépend des boutons à fleurs, et l'autre des boutons à bois, on court risque de ne remplir l'un
qu'au préjudice de l'autre, si l'on ne distingue
pas sûrement ces deux sortes de boutons sur
l'arbre qu'on taille. Le temps de ce discernement
est donc le vrai temps de la taille, de sorte que,
depuis la mi-novembre jusqu'en mars, on peut

faire cette opération, sans crainte que la gelée n'endommage le bois, sur tous les arbres dont les boutons ont des caractères propres dès la chute des feuilles, sur les jeunes arbres qui n'ont point de boutons à fleurs, sur les arbres faibles ou languissans dont on exige peu de fruits ; et on la diffère sur les autres arbres, jusqu'à ce que le premier mouvement de la sève, allongeant les boutons à bois et enflant les boutons à fleurs, fasse distinguer non-seulement les uns des autres ; mais même entre les boutons à fleurs, ceux qui sont féconds de ceux qui ne produisent point de fruit, comme il s'en trouve sur quelques arbres. Ordinairement ce premier mouvement de la sève arrive de la mi-février au commencement de mars, plutôt ou plus tard, selon l'espèce d'arbre, et selon que les années sont plus ou moins avancées.

Ne tailler les arbres que quand les fleurs sont épanouies ou passées, ou même quand le fruit est noué, c'est une pratique dont les difficultés et les inconvéniens ne sont pas équivoques. Quelle main est assez légère et assez adroite pour ne pas endommager, ébranler, détacher un grand nombre de fleurs ou de fruits, pour approcher la coupe, sans nuire aux productions du bouton auquel on taille pour palisser promptement la branche? Quel œil, dans la confusion des branches, des fleurs, des fruits, des feuilles déjà développées, peut voir et démêler son ouvrage? Quelle secousse et quelle révolution dans l'arbre entier, dont on interrompt tout-à-coup le travail commencé dans toutes ses parties ! Quelle dissipation de sève qui aurait nourri les fruits, fortifié les branches taillées plutôt, et cicatrisé leurs plaies ! Que de vides, surtout dans le bas de l'arbre, suite nécessaire d'une taille qu'on est obligé d'allonger considérablement, parce que la sève s'étant portée sur l'extrémité des branches, le fruit n'a arrêté que dans ces parties ! etc. Je ne fais qu'indiquer les principaux défauts de cette pratique, qu'on trouve détaillés dans plusieurs bons ouvrages sur ce sujet. Quiconque en aura fait une fois l'épreuve, ne sera pas tenté d'un second essai.

Si vous les taillez trop courtes, et que vous déchargiez encore l'arbre des petites branches, les racines cessent d'agir ; l'arbre tombera dans la langueur.

Un arbre tend à s'élever à la hauteur qui est propre à son espèce : or, les branches verticales étant seules favorables à son élévation, il travaille à les allonger et à les fortifier plus que les branches horizontales. Aussi le haut d'un arbre d'espalier se garnit toujours assez, par le penchant de la sève à s'y porter.

Si donc vous laissez de fortes branches s'élever dans la direction verticale, la sève y portant son abondance et sa principale action, les branches horizontales s'affaibliront, et le bas de l'arbre se dégarnira ; car, *plus la sève s'éloigne du centre de l'arbre, plus elle est active.*

La sève trouvant beaucoup moins de résistance à l'extrémité des branches qui est tendre, que vers leur naissance où les couches ligneuses sont endurcies, elle y porte sa principale action, et y développe un nombre de nouvelles branches proportionné à sa quantité : de sorte que, si vous taillez une branche à huit yeux, et que la sève ne puisse suffire à n'en ouvrir que trois, elle ouvrira les trois de l'extrémité, et les cinq autres dormiront.

Il faut donc, 1°. éviter une taille trop longue qui, laissant aux extrémités de l'arbre trop d'issue et de facilité à la sève, lui fait abandonner le milieu de l'arbre, qui se dégarnit bientôt.

2° Eviter une taille trop courte : elle oblige la sève d'agir avec trop de force et d'abondance sur le petit nombre de boutons qu'elle trouve dans sa nouvelle taille, qui ne donnent que des branches fortes. Il y a plus : cette taille trop courte force la sève de refluer sur les anciennes tailles, de s'y ouvrir des issues extr ordinaires, et d'y produire des branches de faux bois.

Si un côté de l'arbre s'emporte, il faut en tailler court les fortes branches, afin que la sève, y trouvant plus de résistance et des issues moins nombreuses, moins larges, et par conséquent moins favorables à son action, n'y fasse que des productions modérées ; mais il faut y conserver et tailler long toutes les branches moyennes et faibles qui pourront y subsister sans confusion, afin que la sève s'y consomme et ne soit pas obligée de s'ouvrir des passages extraordinaires. Le côté faible doit au contraire être déchargé de toutes les branches faibles, taillé court sur les branches moyennes dont on ne conserve que le nombre nécessaire pour entretenir le plein, et taillé long sur les fortes branches, afin d'y attirer la principale action de la sève.

L'action de la sève sur les boutons d'une branche est proportionnelle à leur distance ou à leur éloignement de la naissance de cette branche.

Les nouvelles branches qui naîtront du développement des boutons d'une branche taillée, seront plus fortes près de l'extrémité de cette branche (pourvu qu'elle ne soit pas inclinée à l'horizon); et elles seront d'autant plus faibles, qu'elles s'approcheront davantage de sa naissance. Souvent les jeunes branches, sorties d'un bourgeon vertical dans lequel la sève s'élève avec abondance et sans obstacle, ont une différence de force et de longueur si uniforme depuis la plus élevée jusqu'à la plus basse, qu'on pourrait presque regarder l'action de la sève sur le dernier œil et sur les yeux inférieurs d'une branche comme la pression d'un fluide sur le fond et sur les côtés d'un vase.

J'ai ajouté, pourvu que l'extrémité de cette branche ne soit pas inclinée à l'horizon; car si l'on arque une branche, la plus grande action de la sève sera sur le bouton le plus élevé ou placé à la sommité de l'arc, dont le développement produira la plus forte branche; les autres branches diminueront de force à proportion qu'elles s'éloi-gneront de celle-ci , et qu'elles approcheront des extrémités de la branche arquée.

Ces degrés de force ne sont pas dans une pro-portion si exacte sur les branches horizontales, dont les yeux qui sont sur le côté supérieur pro-duisent ordinairement de plus fortes branches que ceux qui regardent la terre ; de sorte que si le dernier œil est sur le côté inférieur , et que le penultième, étant sur le côté supérieur, se trouve plus élevé , celui-ci donnera une plus forte branche que celui qui est à l'extrémité.

Toute branche donc qui devient forte dans une place où elle devrait être faible , ou faible quand elle devrait être forte , n'est pas dans l'ordre na-turel , et doit ordinairement être retranché.

Les feuilles influent tellement sur la quan-tité et le mouvement de la sève , qu'elle aug-mente ou diminue à proportion de leur nombre et de leur éclat.

Si l'on retranche une partie considérable des feuilles , si les insectes les ont dévorées , si la cloque ou quelque autre maladie les endommage , l'action de la sève languit ou s'arrête , le fruit tombe et l'arbre souffre.

On peut donc modérer le progrès excessif d'une branche vigoureuse, en la dépouillant d'une partie de ses feuilles qui , étant comme autant de su-çoirs , fournissent beaucoup de nourriture.

L'extension des bourgeons est en raison

inverse de l'endurcissement de leurs couches ligneuses.

Moins les couches ligneuses sont dures, plus le bourgeon s'étend, et au contraire; mais l'endurcissement de ces couches ligneuses est d'autant plus retardé qu'il tire plus de sève, et sa sève est d'autant plus abondante et active, que sa direction s'éloigne plus de l'horizontale vers la verticale, qu'il est plus garni de feuilles, qu'il est plus à couvert du soleil qui le ferait transpirer et l'endurcirait.

En favorisant ces trois causes, on augmente l'extension d'une branche; en les détruisant ou les diminuant, on arrête ou l'on modère son progrès.

Faux Bois.

La branche de faux-bois est celle qui, contre l'ordre naturel, naît ailleurs que sur une branche de la dernière taille; c'est-à-dire qui naît sur une ancienne taille, ou même sur la tige de l'arbre : quelquefois elle a le caractère d'une bonne branche à bois; le plus souvent elle a tous ceux de la branche gourmande, et ne s'en distingue que par le lieu de sa naissance.

La petite branche à fruit est, sur les arbres à fruits à noyau, longue de deux pouces au plus, bien nourrie, garnie de beaux yeux dans toute sa longueur, ou terminée par un grouppe de boutons à fruit, et par un bouton à feuille ; si cette dernière condition lui manque on la supprime

comme incapable de nourrir son fruit. M. De-
combes la nomme *bouquet* sur le pêcher , et on
peut l'appeler ainsi sur tous les arbres de fruit à
noyau ; elle donne du fruit un , deux ou au plus
trois ans , et périt ensuite.

Branches gourmandes.

Une fois que les branches-mères sont formées ,
je ne fais plus de cas des branches gourmandes ,
et s'il en part de dessus les branches-mères, je
crois qu'il les faut retrancher , à moins qu'on en
ait un besoin absolu pour garnir une place où une
branche considérable qui sera morte. Voici les
raisons qui me déterminent à les retrancher. Les
yeux étant fort écartés les uns des autres , il faut
tailler ces branches fort longues , et il y a à
craindre de dégarnir le bas de l'arbre , d'autant que ces branches , consommant beaucoup de
sève , feront tort à celles de leur voisinage :
d'ailleurs, ces branches s'élèvent toujours presque perpendiculairement , et comme elles sont
fort grosses, il est difficile, quand on les a taillées , de les contraindre à prendre la forme
qu'on désire ; et il faudrait qu'un arbre fût bien
vigoureux pour suffire à la nourriture d'un
nombre de branches gourmandes qu'on conser-
verait. Comme je suppose l'arbre formé , il est
pourvu d'un assez bon nombre de branches pour
que les racines ne souffrent point du retranche-
ment de plusieurs branches gourmandes ; et s'il
était question de dompter un arbre trop vigou-

reux, j'aimerais mieux le charger par la taille
des branches de franc bois, ou même lui laisser
beaucoup de brindille, que d'épargner les branches gourmandes.

A l'égard des branches de moyenne force qui
ont leurs boutons assez près, agissez de façon à
remplir les vides. C'est ici que ceux qui savent la
taille des pêchers, suivent différentes méthodes.

Celle que j'ai adoptée consiste à retrancher les
branches gourmandes, à moins qu'elles ne soient
nécessaires pour remplir un vide ; à tailler court
des branches de force moyenne, pour se procurer
de nouveau bois, et renouveler l'arbre : c'est
pourquoi il faut toujours choisir pour cet objet
des branches assez basses, et tailler long plusieurs branches pour se procurer du fruit, sauf à
les retrancher quand, prenant trop de longueur,
elles pourraient nuire à la beauté de l'arbre, ou
quand elles sont épuisées par la quantité de fruit
qu'elles auront fournies : il faut essayer, pour
avoir de bon fruit, de choisir, pour cet effet, des
branches vigoureuses ; et si l'on est obligé d'en
prendre de force moyenne, il ne faut pas les
tailler fort longues. On doit conclure que toutes
les branches chiffonnées doivent être retranchées,
excepté les petites branches courtes qui sont uni-
quement destinées à donner du fruit.

On doit aussi retrancher entièrement toutes les
branches maigres, usées, et qui ne font que de
faibles productions. Si cependant une telle

branche ne pouvait être remplacée par une autre vigoureuse, pour éviter qu'il ne restât un vide, on pourrait ravaler sur les meilleures branches qu'elle aura produites, qu'il faudrait tailler court, ainsi que les branches qu'on destinera à donner du fruit, ayant toujours soin de ne point trop charger les branches peu vigoureuses.

Suivant ma façon de tailler on conserve, sur les branches bien conditionnées, deux branches de celles qu'elles ont produites, la plus forte et la mieux placée, qui est ordinairement la plus basse et taillée court pour donner du bois; l'autre est taillée long pour fournir du fruit : bien entendu qu'on s'écarte de cette règle si l'arbre est peu vigoureux, et qu'il y ait un vide à remplir, auquel cas on peut renoncer à avoir beaucoup de fruit, et tailler les deux branches pour avoir du bois plus abondamment.

A l'égard des arbres qui, au lieu de croître, commencent plutôt à être en retour, il faut retrancher encore plus sévèrement toutes les branches chiffonnées, qui épuisent l'arbre et ne donnent que de mauvais fruits : on doit aussi ôter les branches gourmandes, qui affaibliraient beaucoup ces vieux arbres. Il ne faut conserver que les branches de bon bois, et les tailler assez court; mais il convient ici d'avoir de la prévoyance. Si l'on aperçoit qu'une branche ne durera pas longtemps, on doit essayer de trouver une branche vigoureuse, qu'on prépare, par la taille, à remplir dans la suite le vide que laissera la branche

faible, lorsqu'on sera obligé de la retrancher.
J'ai vu, par cette prévoyance, retrancher une
grosse branche, et la place être occupée sur-le-
champ par des branches qu'on avait préparées
d'avance.

DUHAMEL.

SUR L'ÉBOURGEONNEMENT.

L'art de l'ébourgeonnement n'est autre chose
que la suppression sage et raisonnée des rameaux
superflus, que le choix judicieux de ceux qu'il
faut palisser, que ce goût et cette intelligence,
pour n'en conserver qu'une quantité suffisante.
Il se répète autant de fois que les bourgeons, s'allongeant et se multipliant, donnent lieu à le renouveler. Le point essentiel est de fuir également
la confusion et le vide. Pour éviter celui-ci, il
faut toujours tirer du plein au vide, mais sans for-
cer, sans croiser, sans causer aucune difformité.

Il faut attendre que les fruits soient assez gros
et bien formés, tant pour ôter ce qu'il y a de
trop, que pour conserver particulièrement les plus
beaux et les mieux faits. Pour cet effet, il faut
attendre à la fin de mai ou au commencement
de juin : c'est alors que les fruits sont assez gros
pour en faciliter le choix. Les abricots étant plus
hâtifs que tout autre fruit, on les épluche de
meilleure heure.

A tous les arbres fruitiers, soit à pepin, soit à
noyau, le fruit noue, soit au bout des branches,
soit dans le milieu, et mûrit s'il ne survient point

d'accident. Pour que la pêche au contraire tienne
et mûrisse, il faut qu'il y ait à côté ou au-dessus
une branche à bois, à laquelle elle soit attachée
comme à sa mère nourrice; s'il arrive que sans
elle une pêche grossisse, elle tombe ordinairement avant sa maturité. Quelquefois un jardinier
s'avise de couper la mère nourrice du fruit après
que la fleur a noué, ou, séduit par le brillant
éclat des branches qui ont des toupillons de fleurs
entassées les unes sur les autres sans boutons à
bois, il taille sur ses branches : les pêches alors
avortent et tombent toutes grosses.

DELAQUINTAYE.

De la Greffe.

L'arbre né de lui-même, étale fièrement
De ses rameaux pompeux le stérile ornement :
La nature se plut à parer son ouvrage ;
Mais qu'on prête à sa tige un rameau moins sauvage,
Ou qu'il soit transplanté dans un sol plus heureux,
Dompté par la culture, il comblera tes vœux.

Il y a plusieurs manières de greffer. La greffe
en écusson, la greffe en fente, et celle en couronne, sont les plus usitées dans les jardins.

Pour opérer la greffe en *écusson*, on coupe sur
l'arbre dont on veut avoir de l'espèce, des rameaux de l'année dernière où il se trouve de bons
yeux formés au printemps, et l'on coupe les feuilles jusqu'auprès de l'endroit où elles tiennent à
leur queue : un œil suffit à chaque greffe ; ainsi
l'on peut prendre la même greffe sur la même

branche. On taille ensuite, sur le rameau, l'écusson en forme de triangle, et l'on ménage dans le milieu l'œil et sa petite branche, on enlève promptement, avec le greffoir, cet écusson auquel on laisse, à l'endroit de l'œil, un peu plus d'épaisseur de bois que dans le reste.

Après quoi, l'on choisit sur le sauvageon (ou arbre à greffer) un endroit uni, entre deux yeux, et au haut de la tige; on y fait une incision en travers, puis, à prendre du milieu de celle-ci, une autre en long d'environ un pouce et demi, et de l'épaisseur seulement de l'écorce de l'arbre. L'écusson que l'on tient dans la bouche par le bout de la petite branche, étant tout prêt, l'on détache, avec le manche du greffoir, la peau de l'incision faite sur le sauvageon, et l'on y fait entrer l'écusson par la pointe, en sorte qu'il s'y colle bien, et que les côtés de l'écorce le recouvrent entièrement hors l'œil; cela fait, on lie le tout ensemble avec de la laine filée et non tordue, le plus promptement qu'il se peut, en serrant assez, et laissant toujours passer l'œil; on coupe un mois après cette laine (sans cependant l'ôter) afin de donner un passage libre à la sève qui, sans cela, pousserait des jets sauvageons au-dessous de l'écusson trop reserré.

Cela se pratique ainsi dans les arbres que l'on greffe; mais dans les orangers l'écusson doit avoir la pointe en haut, en observant, quand on la taille, que l'œil se trouve toujours dans la même situation, le bouton et le jet dressés vers le ciel. L'incision sur le sauvageon doit être aussi coupée différemment ; savoir , la fente de travers et en bas comme un ⊥ renversé , à cause de l'eau qui entrerait plus aisément par la large ouverture, qui , aux autres arbres , se fait ordinairement en haut; car cette eau , pour peu qu'elle pénètre , devient mortelle à la greffe.

On greffe, en écusson, dans le mois de mai à *œil poussant*, c'est-à-dire dans la sève : alors on raccourcit sur-le-champ la branche du sauvageon à trois pouces près de l'écusson ; à *œil dormant* dans les mois de juillet, août et septembre , et alors on ne coupe point sur-le-champ la branche du sauvageon, mais on attend pour cela au mois de mai , qui est le temps de la sève.

La *greffe en fente* se fait au moment où la sève entre en mouvement (fin de février , commencement de mars, etc.) plutôt ou plus tard , suivant la température de la saison ou l'espèce de l'arbre. Cette greffe est à-la-fois l'une des plus faciles et des plus sûres; pour y réussir , voici comme on s'y prend. On coupe sur l'arbre qu'on veut propager, des rameaux, quelques menus qu'ils soient, ligneux et garnis d'yeux. Comme on peut les garder pendant quelques jours dans un endroit qui ne soit ni trop chaud , ni sec , on peut donc aussi tirer de loin ces rameaux, avec la précaution qu'ils ne soient ni gelés ni déchaussés en route. Lorsque l'on veut opérer, on coupe à la hauteur qu'on choisit , et au niveau d'un œil s'il est possible, mais horizontalement et bien net, le trone du sujet, qu'on fend ensuite longitudinalement, soit sur toute la largeur s'il n'est pas plus gros que le rameau à insérer, soit seulement sur un côté si l'on ne veut avoir qu'une greffe, soit tout autour si le sujet est gros et qu'on veuille y insérer plusieurs rameaux : cette dernière manière s'appelle la *greffe en couronne*, et se pratique pour les arbres fruitiers déjà vieux; alors les fentes se font avec un coin, autrement on la pratique avec la pointe de la serpette qu'on laisse au bas de la fente, pour entretenir les lèvres écartées jusqu'à ce qu'on y ait introduit le rameau préparé d'avance. Cette préparation consiste à en rafraîchir le bout, et à le couper des deux côtés, bien net et en biseau, à commencer du premier œil, et de manière qu'il ne reste d'écorce que du côté de l'œil, qui est le point jusqu'où il faut qu'il soit enfoncé dans la fente. Cette opération, bien faite si les écorces se rejoignent bien, s'achève en mettant, et sur le bout du rameau, qui doit avoir deux ou trois yeux et être coupé net, et sur le bont du sujet, aussi bien que sur la fente, une composition bien fondue et bien mêlée de deux parties de colophane, et d'une partie de cire jaune ou blanche; on l'applique avec un bâton applati, et chaude assez pour bien tenir sans dessécher; quelquefois on maintient le tout par quelque tour de laine à tricoter. Si le tronc est gros, au lieu de composition on emploie de terre grasse délayée, qu'on recouvre d'un chiffon maintenu avec de la corde : on fait passer les rameaux par les trous faits au chiffon.

On peut, sur le même arbre, enter sur différens côtés du tronc ou des branches, diverses espèces de fruits ; mais il faut toujours que ces fruits aient de la sympathie, et qu'ils soient d'une nature à peu-près semblable : ainsi le pommier peut produire des poires, et le poirier des pommes, etc.

Les fruits des jardins, pour l'amélioration desquels on se sert de la greffe, sont les poires, les pommes, les prunes, les pêches et pavies, les abricots, toutes sortes de cerises, coings, etc.

Les sujets sur lesquels on greffe le prunier, le poirier, le pommier et même le cerisier, peuvent être greffés comme pour les arbres nains ; et des jets que poussent les greffes, on forme les tiges et demi-tiges ; au lieu que le corps des autres arbres doit être formé du sujet. Les sujets sur lesquels l'écusson a manqué doivent être rabattus au-dessous de l'endroit où ils ont été greffés, afin qu'ils poussent du jeune bois, sur lequel l'écusson réussit mieux que sur le vieux : mais ceux qui ont été greffés pour arbres nains, s'ils ont de la disposition à s'élever droits, peuvent être réservés en tiers et formés pour être greffés en tige et demi-tige.

Pour certains arbustes délicats on emploie, avec plus de succès, la greffe en *approche* : elle ne peut se pratiquer que sur les arbres voisins l'un de l'autre, ou qui pourront se rapprocher s'ils sont en caisse ou en pots ; et dans cette circonstance, elle s'exécutera encore plus commodément, par la facilité qu'on aura de mettre de niveau et à portée les branches à greffer. On les choisit de grosseur égale, on les entame toutes deux à mi-moëlle, et après les avoir bien réunies, on les retient par des liens convenables d'osier, d'écorce, de corde à puits effilée, ou enfin de laine, selon leur force et leur délicatesse. Lorsqu'on s'est assuré qu'elles sont bien soudées, on coupe au-dessous de la soudure, mais à différentes fois, et en différens temps, la branche de l'arbre qu'on veut propager.

Il est encore une manière qu'on appelle greffe *anglaise :* on ne peut la pratiquer que lorsque le sujet et le rameau sont absolument d'égale grosseur. On coupe l'un et l'autre en biseau bien net; on fait à chacun deux entailles, l'une à l'extrémté, et l'autre au commencement du biseau; puis on les ajuste de manière que les entailles, étant entées les unes dans les autres, les écorces se rejoignent bien : on enveloppe le tout de terre grasse délayée, recouverte d'un linge maintenu par quelques tours de laine à tricoter non-tordue. Il faut être exercé pour faire habilement cette greffe, très-convenable aux arbres précieux.

DELAUNAY.

CULTURE DE LA VIGNE.

Semer les pepins de raisin, c'est le moyen de multiplier les individus, et de gagner des varié-

4 *

tés; mais, les premiers fruits de vignes élevées de semences se faisant attendre longtemps (quelquefois douze ou quinze ans), cette voie est trop lente pour être employée avantageusement. On multiplie ordinairement la vigne par les marcottes et par les boutures.

Les *boutures* se font de bourgeons forts et les mieux garnis d'yeux, coupés par longueurs plus ou moins grandes, pourvu que chaque bouture contienne au moins quatre nœuds. Elles se font mieux de bourgeons coupés à cinq ou six yeux au-dessus de leur naissance, et garnis à leur gros bout d'un peu de bois de l'année précédente ; alors on les nomme *crossettes* : elles s'enracinent beaucoup plus facilement que les autres. Ces boutures se plantent ou se fichent jusqu'au-dessus du second nœud dans une terre fraîche, ou entretenue telle par des arrosemens , et abritée du soleil, soit par un mur, soit , mieux, par des palissades. Si l'on ne fait qu'un petit nombre de boutures , on peut en avancer la reprise et le progrès en les plantant dans un pot , ou caisse, ou panier qu'on place dans une couche, et les abritant avec un paillasson ou , mieux, en les mettant sous une cloche ou un châssis. Le mois de février est le temps de faire ces boutures. Quelques-uns taillent leurs boutures , les lient en faisceau, les laissent tremper, par le gros bout, dans un bassin ou une pièce d'eau (préservant l'autre bout du soleil), jusqu'à ce qu'ils voient les nœuds garnis de racines ; et alors ils les plantent comme il vient d'être dit. Les extrémités dès boutures ne doivent point être coupées immédiatement sur un nœud, mais au moins un pouce au-dessus; parce que, le bourgeon de vigne étant très-moelleux, l'œil serait bientôt éventé et desséché.

La vigne se peut encore multiplier par la *greffe en fente*. Au mois de février on scie, à fleur de terre un cep de vigne, on le fend, et on y insère, suivant les règles, une greffe faite du gros bout d'un bourgeon, qui est le plus ligneux et le plus garni de nœuds : on forme une poupée à l'endroit de l'insertion, on le butte de terre, et on préserve de l'action immédiate du soleil la partie de la greffe qui est à découvert. Il arrive aussi souvent à cette greffe de s'enraciner, que de se coller au sujet ; mais l'avantage est au moins égal.

Les marcottes et boutures enracinées peuvent se planter depuis le mois de novembre jusqu'au mois de février, dans un terrain léger, chaud, un peu graveleux, qui convient le mieux à la vigne. Ce n'est pas qu'elle ne réussisse en toute sorte de terres humides, froides, fortes, compactes, etc.

Dans nos climats, le chasselas, le ciouta, le corinthe, etc., mûrissent bien aux expositions du midi, du levant, et même du couchant ; en espalier, en contre-espalier, en bordure autour des carrés d'un potager ; en planche, par rayons, comme dans les vignobles. Les muscats et plusieurs autres raisins ont besoin de l'espalier et de l'exposition du midi , encore n'y mûrissent-ils le plus souvent qu'imparfaitement : de sorte que les amateurs de ces raisins, qui veulent s'en procurer tous les ans d'excellens , doivent placer des châssis vitrés devant les espaliers.

Si l'on abandonnait une vigne à elle-même, aucun mur d'espalier ne pourrait suffire à l'étendue de ses bourgeons qui souvent s'alongent de plusieurs toises dans une année ; et ces productions excessives en bois diminueraient beaucoup de la quantité, de la grosseur et de la qualité de ses feuilles : elle a donc plus besoin d'être taillée qu'aucun arbre fruitier ; ce qui a fait dire à quelques auteurs, qu'il vaut mieux la tailler mal, que de ne la point tailler. Dans quel temps, sur quelles branches , à quelle longueur doit-elle être taillée ?

1°. On peut tailler la vigne depuis le mois de décembre jusqu'en mars : on le fait , le plus communément, vers la fin de février, avant que la sève ait aucun mouvement.

2°. La vigne, au contraire de la plupart des arbres fruitiers, se taille sur les plus gros et les plus forts bourgeons ; les faibles se retranchent entièrement ; et on ne taille sur les moyens que dans le cas de nécessité, comme lorsque les forts sont mal placés, lorsqu'ils sont tous placés sur un côté de cep, et que l'autre côté n'en a que de moyens : ceci ne s'entend que des vignes en espalier et en contre-espalier.

3°. La vigueur du cep et l'espace que l'on a
pour palisser ses bourgeons, décident de la longueur de la taille, ou, pour parler plus exactement, du nombre de bourgeons qu'il faut tailler
courts, et de ceux qu'il faut tailler longs ; car les
uns se taillent à deux ou trois yeux (on les appelle *coursons* ou *taille-à-bois*, parce qu'ils
sont principalement destinés à donner de bon
bois pour l'année suivante) ; les autres se taillent à quatre ou cinq yeux, et se nomment
plaies, *tailles*, ou *tailles-à-fruit*. Cette dernière dénomination marque leur destination : or,
on fait plus de coursons que de plaies, lorsque le
cep est faible ; plus de plaies que de coursons,
lorsqu'il est très-vigoureux : un nombre égal des
uns et des autres, lorsqu'il est d'une vigueur
médiocre. Quoique cette taille soit fort connue,
nous en exposons le mécanisme, après avoir
observé, 1°. qu'il ne faut point, en taillant,
approcher la coupe immédiatement contre un
nœud, mais la faire un ou deux pouces au-dessus ; 2°. que le bas du talus de la coupe doit être
opposé à l'œil, de peur que les pleurs coulant
sur cet œil, ne l'endommagent.

Soit un cep de vigne nouvellement planté au
mois de juin, j'examine ses productions. De
tous les bourgeons qu'il a poussés, je ne lui
laisse que les deux plus forts et les mieux placés,
et je supprime tous les autres. S'il est destiné à
couvrir le haut d'un espalier, je ne lui laisse

(94)

qu'un bourgeon pour faire une tige, qui souvent ne se forme qu'en plusieurs années. Je la suppose formée et arrêtée à la hauteur convenable au mois de février précédent. Les bourgeons qui viennent de naître à son extrémité se traitent comme ceux du cep destiné à s'étendre sur le bas de l'espalier. Au mois de février suivant, je taille ces deux bourgeons en coursons de deux yeux chacun. Au mois de juin, ces quatre yeux doivent avoir produit quatre bourgeons que je conserve, et que je palisserai lorsqu'il sera nécessaire; et s'il est sorti du cep quelques bourgeons, je les supprime. Au mois de février suivant, si les quatre bourgeons sont assez vigoureux pour faire espérer quelque fruit, je taille en courson celui qui est placé le plus bas sur chaque courson de l'année précédente, et le plus haut, en plaies de quatre yeux ; ce qui donnera deux coursons et deux plaies. Si au contraire les bourgeons sont faibles, je ne conserve, sur chaque courson, que le plus fort et le mieux placé, préférant toujours le plus bas, pourvu qu'il ne soit pas faible, et je le taille en courson. Au mois de juin, je fais l'ébourgeonnement nécessaire, et ensuite les palissades. Au mois de février suivant, si les coursons ont rempli leur destination, ils ont chacun deux bons bourgeons, dont je taille le plus bas en courson, et l'autre en plaie. Les plaies de la dernière taille doivent avoir chacune quatre bourgeons, que je traite suivant leur force. 1°. S'ils sont tous faibles, je ravale la plaie sur le plus bas, dont je fais un courson , ou je supprime entièrement la plaie ; 2°. s'ils sont de force moyenne, je ravale la plaie sur les deux plus bas , ou je choisis les deux plus forts, dont je taille le plus bas en courson , et l'autre en plaie; 3°. enfin , s'ils sont très-forts , je fais un courson du plus bas , et je taille les autres en plaies , supposé que j'aie assez de place pour palisser tous les bourgeons qui naîtront de ce grand nombre de plaies : car il vaut mieux décharger la vigne en retranchant beaucoup de bourgeons (on la charge presque toujours trop) que de l'exposer à la confusion et à l'étiolement , en lui laissant trop de bois. Telle est à-peu-près toute l'opération de la taille de la vigne , dans laquelle les fautes sont de peu de conséquence et faciles à réparer. Nous ajouterons seulement la remarque suivante.

On ne peut tailler autant de bourgeons sur un cep de vigne attaché à un échalas , que sur un cep en espalier ou contre-espalier. La raison en est évidente. Ordinairement on ne lui laisse que deux coursons et deux plaies , et à la taille suivante on supprime les deux plaies , en rabattant les branches d'où elles sortent sur les coursons, en cas que ceux-ci aient produit chacun deux bons bourgeons ; sinon on rabat les plaies sur les plus bas de leurs bourgeons , de sorte qu'on ne taille jamais que quatre bourgeons. Si cependant le cep

est d'une vigueur extraordinaire, on peut y
laisser deux coursons et trois plaies, ou donner
plus de longueur, jusqu'à six ou sept yeux aux
deux plaies, sauf à ficher plusieurs échalas : par
ce moyen, le cep est entretenu bas, ne s'élevant, chaque année, que de deux yeux ; et lorsqu'enfin il devient trop haut, on couche une
marcotte pour le remplacer, ou bien on profite
de quelque bourgeon vigoureux sorti du vieux
bois ou du tronc, qu'on taille d'abord en courson, et qu'on forme pour rajeûnir le cep qu'on
rabat dessus, lorsqu'il est en rapport et en état
de le renouveler. Les branches des ceps d'espalier et de contre-espalier trop vieilles, usées,
endommagées par quelque maladie ou accident,
se renouvellent de la même façon.

A la fin de mai ou au commencement de juin,
on ébourgeonne tous les nouveaux jets de faux
bois, à moins qu'il ne convienne d'en ménager
quelques-uns pour remplir un vide, ou succéder
à des branches qu'il faudra bientôt retrancher.

Au mois de juillet, on fait une nouvelle revue
pour ébourgeonner les pousses de faux bois, s'il
s'en est encore développé quelqu'une. En même-
temps, on retranche une bonne partie de ces
petits bourgeons qui sortent de l'aisselle des feuilles ; et si les bourgeons qui portent des grappes
sont faibles ou de force médiocre, il est bon de
les ravaler sur la plus haute de leurs grappes. Ces
retranchemens préservent la vigne de la confu-

tion et de la dissipation de la sève, qui sera mieux employée à nourrir abondamment le fruit et les bons bourgeons, qu'à fortifier des branches inutiles; mais il faut ménager assez de bourgeons et de feuilles, pour défendre du soleil les grappes qu'il n'est pas encore temps de découvrir. Les bourgeons conservés doivent être palissés plusieurs fois pendant l'été, à mesure qu'ils s'alongent.

En août et septembre, il est très-utile; et s'il survient des sécheresses, il est nécessaire de jeter, de temps en temps, un arrosoir d'eau au pied de chaque cep de vigne : le fruit profite et se nourrit mieux.

Enfin, quand le raisin approche de la maturité, il faut retrancher les feuilles qui le couvrent, afin que le soleil perfectionne ses sucs, et lui procure une belle couleur. De l'eau répandue dessus en pluie, avant que les rayons du soleil le frappent, attendrit sa peau, et la prépare à recevoir cette couleur qui le rend agréable à la vue.

Souvent les muscats ont peine à mûrir, et les grains restent petits, parce qu'ils sont trop nombreux et trop serrés. On peut, suivant le conseil de la Quintynie, faire couler une partie des fleurs, en y faisant tomber de l'eau en pluie, par le moyen d'une pompe ou d'un arrosoir, s'il ne survient point de pluies qui produisent le même effet.

5

Les fumiers et autres engrais augmentent la vigueur et la fécondité de la vigne ; mais c'est ordinairement au préjudice de la qualité du fruit. Il vaut beaucoup mieux, tous les deux ou trois ans, enlever une portion de terre au pied de chaque cep, et y substituer de bonne terre neuve.

Usages.

Les raisins se mangent crus ; quelques-uns glacés de sucre ; d'autres confits au vinaigre ; d'autres à l'eau-de-vie ; d'autres secs : ceux-ci nous sont envoyés des climats plus méridionaux. Ceux qu'on mange crus, ne doivent être cueillis que dans leur parfaite maturité ; ceux que l'on veut garder pour l'arrière-saison (il s'en conserve jusqu'en mai) se cueillent un peu plutôt, par un temps beau et sec. On les suspend à découvert, ou mieux, chaque grappe dans un sac de papier, dans une bonne fruiterie ou autre lieu bien fermé et à couvert de la gelée.

DUHAMEL.

Addition.

La vigne se multiplie par le plant enraciné, par les marcottes et par les boutures. L'essentiel est de bien choisir son plant.

La vigne a besoin d'être plantée un peu avant en terre, pour profiter des sucs du fond, qui sont toujours perdus pour les plantes ; cela n'empêche pas que les racines horizontales et le chevelu ne pompent les sucs de la superficie : d'ailleurs tou le monde sait qu'à quelque profondeur qu'on place la vigne en terre, elle prend toujours racine du collet : par conséquent, que d'avantages multipliés !

Faut-il tailler la vigne court ou long ? laisser peu ou beaucoup de coursons ? On doit se régler à cet égard sur les climats, les expositions, la nature des terrains et la vigueur plus ou moins grande des sujets, la quantité particulière du bois suivant les années, les événemens de l'année précédente durant le printemps, l'âge des vignes, la distance des ceps, la multiplicité des pousses, et la quantité des bois sur chaque cep, la nature et l'espèce des raisins. Les bons ouvriers se guident d'après ces différentes considérations ; et si, malgré leur inobservation, on ne laisse pas de recueillir du vin, que serait-ce si on agissait suivant les règles.

L'on doit moins se presser de tailler dans les climats où les gelées sont à craindre, et où les vignes sont exposées à l'impression des vents du nord, que dans ceux plus hâtifs et plus favorablement situés, comme au midi. Une vigne taillée avance davantage que lorsqu'elle ne l'est point, parce qu'elle a moins de bois à nourrir : il est certain que la sève envoyée des racines, et qui eût été répartie dans celui qu'on a ôté, n'étant plus portée que vers le seul bois taillé, doit faire bien plus de diligence au temps de la pousse. Là, il faut aussi tailler plus long, et charger plus en courson, à cause que dans ces sortes de climats,

*

un peu froids, la vigne a plus de corps, et qu'elle y pousse davantage que dans ceux exposés à l'ardeur du soleil, qui aspire bien autrement et les sucs de la terre et le germe des bourgeons. En général, on doit décider par la nature du terrain pour alonger en bois, et changer en coursons amplement en bonne terre, et avec beaucoup de réserve dans un terrain maigre et sec.

Voici néanmoins la règle qu'observent les bons jardiniers pour la taille de la vigne, et pour la quantité de ses bourgeons : quand son bois est bien franc, l'on taille le plus fort et le mieux placé à quatre ou cinq yeux, un troisième à deux, et un quatrième à un œil ; c'est-à-dire, qu'il faut laisser au moins une douzaine de bons yeux ; bien observer que le bas du talus de la coupe soit opposé à l'œil, de peur que les pleurs de la vigne coulant dessus, ne l'endommagent. De plus, à ce cep vigoureux on laisse un long bois que l'on taille en bon œil de son extrémité, et que l'on couche en terre dans le temps.

Pour faire prendre racine à une branche, soit de vigne, soit d'orme, il suffit de la tordre et de la coucher en terre ; elle s'enracinera en cet endroit, quoique difficilement, rapport à sa grosseur et au temps nécessaire à la formation du bourrelet, pourvu que son écorce ne soit point écailleuse. (*La Pratique du jardinage.*)

PENSÉES.

Fleurs.

I. Fleurs : La plus riche décoration de la nature après la femme.

II. Les fleurs sont une mine inépuisable de comparaison pour les moralistes et les galans, espèce de songes creux assez ressemblans.

III. Heureux habitans de la campagne, que je vous envie votre longue société avec les fleurs !

IV. La plus belle des fleurs est une jolie fille.

V. Pour oser rendre la rose si commune, sans craindre de l'avilir, il fallait que la nature connût bien toute sa force.

VI. Les fleurs appuient mon existence, et me la font sentir de tant de manières à-la-fois, que, dans cette plénitude de vie, elles semblent me révéler encore une autre manière d'être; aussi, alors je ne doute plus d'un Dieu, et le sentiment fait ma croyance.

VII. Qu'y a-t-il donc de si enchanteur dans ce mot *fleur*, pour que je ne puisse le lire ou le prononcer sans une espèce d'agitation agréable ?

VIII. Quand la nature ajouta un aussi doux parfum à leur beauté, n'était-ce pas pour nous les recommander doublement ? Mortel ingrat, ne peux-tu donc en jouir qu'en les cueillant !

IX. Les difficultés embellissent, dit-on, les

jouissances ; expliquez-moi donc ce que gagne la rose à ses tristes épines ?

X. Je le demande aux vrais amans : n'est-il pas mille fois plus doux de recevoir une rose de ce qu'on aime, que toutes les richesses de Golconde.

XI. Souvent le doux parfum d'une rose m'a semblé l'haleine du bonheur, et m'en a donné le sentiment.

XII. Des fleurs ! Premier langage de l'amour timide ; et que de fois elles en sont l'unique soulagement !

XIII. Mademoiselle B..r. était remarquable ; surtout par un air de fraîcheur que l'on ne retrouve pas toujours. Un jour, lui offrant un bouquet de roses, elle fit semblant de choisir, pour n'en prendre qu'une. Non ! lui dis-je, j'en serais jaloux ; mais quand il y en a plusieurs, alors c'est tout simple : ce n'est qu'un hommage qu'elles viennent vous rendre.

LANGAGE DE FLEURS.

—

Madame Worfhley-Montague paraît être la première qui, dans ses Lettres rédigées avec tout le charme du style de Pope, éveilla l'attention sur ce langage de signes que les Orientaux se sont formé par l'emploi varié d'objets tirés du règne végétal surtout, et que l'on nomme communément *langage de fleurs* (1). Qui n'a pas lu son billet d'amour turc, si savamment commenté par M. Hammer dans les Mines d'Orient? Qui ne connaît pas la charmante Guirlande de Julie, dressée par Chapelain, Corneille, Regnier-Desmarets et autres? Récemment le sensible Ber-

---

(1) Nous disons langage *de* fleurs, et non langage *des* fleurs, comme on dit *langage d'action*, pour désigner la manière de rendre sa pensée, ses sentimens, au moyen des gestes : *langage de signes*, lorsqu'on se sert à cet effet de figures convenues, qui rappellent, soit des sons, soit des idées. Dit-on que les gestes, au moyen desquels les Sourds-muets s'entretiennent, forment le langage des gestes eux-mêmes? ou ne dirait-on pas préférablement qu'ils forment celui des Sourds-muets? Le français est-il le langage de la nation, ou celui des mots qui composent notre idiôme? Le langage, ce me semble, est à celui qui l'emploie et non au moyen dont il se sert. Une maison est *de* bois, *de* pierre; elle n'est point celle du bois, de la pierre dont elle est bâtie.

nardin-de-Saint-Pierre, qui nous a procuré tant de jouissances délicates, n'a pas dédaigné de consacrer à ce langage quelques lignes dans sa *Chaumière indienne*. Mesdames de Saint-Cyr, de Chasteney, de Genlis, doivent à leur entente du sens emblématique des fleurs, plusieurs passages admirés dans leurs œuvres. Que de beaux vers, ou même de poèmes, ces ornemens de nos guérets, de nos jardins, n'ont-ils pas inspirés à Delille, Parny, Castel, Mollevaut, etc. ? Comment, d'après cela, reprocher aux Français d'être indifférens au langage industrieux où les fleurs servent de signes, de n'attribuer l'idée d'aucune affection à leurs couleurs, comme la candeur et l'innocence à leur blancheur, l'espérance à leur verdure ? Où porte-t-on plus d'affection aux fleurs que chez nous ? Si le Hollandais sait mieux les cultiver, peut-être le Français en jouit davantage. Il ne peut célébrer sans elles, ni l'anniversaire de son Roi, ni la fête de sa bergère. Que l'on observe, au centre même de Paris, la foule de tout rang, de toute classe et de tout âge, qui se presse, du matin au soir, sur le quai aux Fleurs ; et si le savoir de l'architecte n'a rien fait pour son embellissement, l'art du jardinier en fait deux fois la semaine un lieu de délices, nonobstant les gros bassins qui blessent les yeux, et malgré les tristes embryons d'arbres qui gênent la circulation, sans mettre le promeneur à l'abri du soleil et de la pluie.

C'est cependant le jardin du grand public ;

C'est là que les gens du monde et d'étude vont jouir de l'aspect des trésors que Flore étale suivant les saisons; c'est là qu'on fait choix, dans des occasions solennelles, d'un symbole flatteur ou mystérieux, tendant à marquer l'expression du sentiment que l'on éprouve pour des personnes chéries ou révérées : expression souvent mieux accueillie et mieux entendue qu'une déclaration indiscrète, faite en termes pompeux.

Il n'importe plus qu'à poser les bases d'un dictionnaire pour établir et déterminer d'une manière constante, le sens que peut on doit exprimer chaque fleur, soit seule, soit réunie avec d'autres en un bouquet de phrase.

Les Orientaux, chez lesquels l'état de réclusion où l'on tient les femmes, ces « fléaux chéris de notre chétive existence, » a fait raffiner sur les moyens de correspondance mutuelle, l'envoi d'une fleur, ou de tout autre objet quelconque, est ordinairement accompagné d'une sentence, d'un aveu, d'une déclaration dont la finale fait rime avec le nom de l'objet transmis. Milady Montague et M. Hammer nous en fournissent les exemples que voici :

CLOU DE GIROFLE (*Karemfil*).

> Vous êtes aussi svelte que ce girofle;
> Vous êtes une rose près d'éclore :
> Depuis long-temps je vous adore,
> Et vous paraissez l'ignorer.

Cette strophe est la seule que l'on connaiss;

de cette longueur. Ainsi, un girofle et un bouton
de rose sont la déclaration d'une passion qui n'a
pas été payée d'un tendre retour.

ROSE (*Ghoul*). Je pleure; ris-toi !
   Ou : Que ne puis-je souffrir pour toi;
   Ou : Tes tourmens m'ont réduit en cendre.
COULEUR DE ROSE (*Ghoulghouli*). Rossignol de mon
  cœur.
PERLE (*Endgi*). Tu es le trésor des belles;
   Ou . Tu es des jeunes la plus belle.
JACINTHE (*Semboul*). Exhalons, en rossignols, nos
  plaintes.
JONQUILLE (*Poul*). Sois sensible à mon amour;
   Ou : Guéris-moi de ma passion.
JASMIN (*Djassemi*). Aime-moi bien, mon amour est
  égal au tien.
PAPIER (*Keghat*). Je sèche, je me consume;
   Ou : Mes sens s'agitent, s'égarent :
    Mon cœur est toujours inquiet.
POIRE (*Esmende*). Donnez-moi quelque espoir.
POMME (*Elma*). Viens près de moi, bon homme.
ABRICOT (*Kaisi*). Vous êtes le meilleur lot.
FIGUE (*Indjir*). Ta chaîne m'intrigue.
PEPIN (*Tchekirdek*). On se joue un tour.
SAVON (*Djaboan*). Je suis malade d'amour;
   Ou : De chagrin j'ai perdu mon ton.
    Je vais mourir, vivez, vous !
CHARBON (*Chemour*). Oui, je prolongerais votre vie
  aux dépens de la mienne !
TRESSE DE PAILLE *ou* CHAUME (*Hassir*). Souffrez que je
  soi votre esclave, *Ou* : Entrelaçous-nous.

Habits (*Djoka*). Vous êtes sans prix.

Canelle (*Dartsin*). Ma fortune est à vous ;

    Ou : Ah ! si tu meurs je t'enterre, cruelle.

Allumette. (*Gir*). Je brûle ! je brûle ; le feu me consume !

Cheveux (*Satche*). Tu es la couronne de ma tête ;

    Ou : Enlève-moi si tu veux ;

    Ou : Soulage mes feux ;

    Ou : Va-t'en , gueux.

Raisin (*Ouzoum*). Mes yeux.

Fil-d'or (*Sirma*). Ne détournez point votre visage.

Fil-d'archal (*Tel*). Je me meurs, venez promptement ;

    Ou : Venez cette nuit, mon cher.

Organsin (*Ibrichime*). J'ai remis à Dieu mon destin.

Pistache (*Fisftix*). Plus je vous vois , et plus je m'attache.

Citrouille (*Kabak*). Venez, voyez ma situation.

Concombre (*Kiar*). Mes ryvaux me tuent.

Oignon (*Soehan*). Serrez-moi entre vos bras.

Sang de dragon (*Eyderha-kani*). Vous êtes ma flamme, ma seule passion.

Lys (*Zambak*). Je t'embrasse ; regarde et ris.

Violette (*Chahpoi*). Nous sommes de la même taille.

Cerise (*Kirase*). Causons un moment.

Marron (*Keslané*). Tes yeux sont des larrons.

Sucre (*Cheker*). Mon cœur soupire pour vous.

Pois chiche (*Leblebi*). Ton nom est, belle et riche ;

    Ou : Tu es aimable, charmante.

Myrthe (*Mersin*). Que le Seigneur vous donne à moi !

Cyprès (*Selli*). Venez vîte, vous me verrez ;

    Ou : Je vous adore à jamais.

Limon (*Limon*). Vous n'avez qu'une bouche et dix langues.

Citron (*Tourundje*). Des rieurs épargne-toi les plaisanteries.

Bleu (*Madi*). Je t'adore comme un Dieu.

Nacarat (*Macara*). Ne te moque pas, ingrat !

Aurore (*Havagi*). Ote-moi la vie qui me dévore.

Corail (*Merdjan*). Mon âme est dans votre sérail.

Aloès (*Ondagatchi*). Couronne de ma tête, baume de mon cœur.

Ambre jaune (*Kehronbar*). Tous mes regards s'élèvent vers ton trône.

Ambre gris (*Anber*). Que font les amis?

Musc (*Misk*). Vous êtes sans défaut.

Tabac (*Loutoum*). Mon cœur te chérit.

Grenade (*Nar*). Mon cœur brûle.

Buis (*Tchimtchir*). Ramenez vos esprits.

Thé (*Tchai*). Vous mon soleil, et vous ma lune, vous avez donné la lumière à mes jours, à mes nuits la clarté.

Café (*Khawé*). Ne te moque plus; c'est assez.

Tasse a café (*Kahwé fin d'jani*). Je donnerais pour vous ma vie.

Cardamome (*Kalkoulé*). Viendras-tu au rendez-vous?

Coing (*Aiva*). Je suis accablé de chagrin.

Amande (*Badem*). Je vous trouverai un homme.

Miel (*Bal*). Prends mon cœur.

Fève (*Eoukla*). Je ris, et toi, crève.

Orange (*Bortoukal*). Restez huit jours dans ma grange.

Tubereuse (*Teber*). Péris, malheureux !

Poivre (*Biber*). Donnez-moi de vos nouvelles.

On voit, par ces exemples, que le sens figuré des termes de botanique n'est pas plus fixe dans l'Orient, que chez nous celui des mots. L'imagination a donc toute la latitude possible. Ceci posé, nous présentons ici aux amateurs ou aux amans, en forme de vocabulaire, un résumé du sens qu'on attache le plus souvent aux fleurs. Le vocabulaire est incomplet sans doute ; il réclame l'indulgence du lecteur. Cependant il y a lieu d'espérer que le dictionnaire du langage de fleurs atteindra la perfection avant celui de l'Académie.

TABLEAU EMBLÉMATIQUE

DES FLEURS.

1	ABSINTHE	Amertume, tribulation, chagrin.
2	Acacia.	Charme, beauté, ravissement.
3	Acajou.	Haut mérite.
4	Acanthe	Élégance majestueuse.
5	Ache	Utilité.
6	Achillée	Bravoure.
7	Aconit	Méchanceté.
8	Adonide.	Chasse.
9	Agrimoine.. . . .	Charité.
10	Ail.	Dégoût.
11	Alléluia..	Dévotion.
12	Aloès.	Morgue.
13	Amarante.	Chevalerie.

14	Amaryllis.	Renommée.
15	Ambroisie.	Agrément.
16	Anacarde.	Médecine.
17	Anagyris.	Oubli.
18	Anéolie.	Adolescence.
19	Anémone	Grace, candeur.
20	Angélique	Extase, amabilité.
21	Anserine	Fatuité.
22	Arachnoïde	Contrariété.
23	Argentine.	Fierté, richesse.
24	Armoise.	Bon augure.
25	Aubépine	Courage, protection.
26	Baguenaudier. . . .	Musarderie.
27	Balsamine.	Prévoyance, crainte.
28	Bardane	Dissimulation.
29	Basilic	Haine, souvenir.
30	Barbeau-bleuet . . .	Délicatesse, sensibilité.
31	Baume	Vertu, fécondité.
32	Belle-dame.	Coquetterie.
33	Belle du jour. . . .	Prétention, orgueil.
34	— de nuit . . .	Timidité, réserve.
35	Bohon-Upas	Chicane, perversité.
36	Bois-trompette . . .	Charlatanerie.
37	Boule de neige . . .	Vieillesse.
38	Bourrache	Bonté bourrue.
39	Bouton d'or	Luxe, opulence.
40	Branc-ursine. . . .	Nœud indissoluble.
41	Bruyère.	Humilité.
42	Boglosse	Grossiereté, sottise.
43	Bugrane.	Imprudence.
44	Buphtalme.	Jalousie.

45 Céleri. . . . . . . Vigilance.
46 Capucine. . . . . . Discrétion, souplesse.
47 Chardon. . . . . . . Rapidité.
48 Chaume . . . . . . Explication.
49 Chélidoine . . . . . Emotion d'amour.
50 Chêne . . . . Force.
51 Cheveux de Vénus. . . Sympathie.
52 Chèvre-feuille. . . . Lien d'amour.
53 Chiendent. . . . . . Importunité.
54 Citron. . . . . . . Désir.
55 Citronelle. . . . . . Jouissance, félicité.
56 Clématile. . . . . . Ignorance, pauvreté.
57 Clochette . . . . . Bavardage.
58 Colchique . . . . . Lenteur.
59 Coquelicot . . . . . Souvenir, reconnais-
                        sance.
60 Coronille. . . . . . Libéralité.
61 Coucou . . . . . . Présage, mauvais augure.
62 Crapaudine . . . . . Médisance, bassesse.
63 Cyprès. . . . . . . Deuil, regret.

64 Dionée. . . . . . . Séduction, astuce.
65 Doronic. . . . . . . Jonglerie.
66 Double feuille. . . . Tourment d'amour.

67 Eglantine . . . . . . Poésie.
68 Ellébore . . . . . . Folie, fatuité.
69 Epine . . . . Peine, rigueur.
70 — noire. . . . . . Mélancolie.
71 — vinette. . . . . Désespoir.

72	Euphrasie.	Douceur.
73	Fleur d'abricot	Incertitude.
74	— de chêne.. . . .	Force.
75	Fleur impériale. . .	Ivresse.
76	— de limon . . .	Constance idéale.
77	— de marronnier. .	Vaine promesse.
78	— d'orange. . . .	Douceur, soulagement.
79	— de passion. . .	Douleur d'amour.
80	— de pêche . . .	Agrément, charme.
81	— de pommier. . .	Plaisir.
82	Fougère.	Merci d'amour.
83	Fraxinelle	Naissance.
84	Fritillaire	Majesté, gloire.
85	Fumeterre.	Crainte.
86	Garance.	Calomnie.
87	Gatillier. . . . ʃ .	Chasteté.
88	Genêt	Espérance indécise.
89	Genièvre	Défaut.
90	Géranium citron . .	Caprice.
91	— épineux. . . .	Causticité.
92	— musqué	Courtoisie.
93	— rosé.	Langueur.
94	— triste.	Dédain.
95	Giroflée	Bonheur, simpathie.
96	— blanche . . .	Simplicité.
97	— de Mahon. . .	Sagesse, sensibilité.
98	— jaune. . . .	Préférence.
99	— rouge. . . .	Ardeur.
100	— violette	Dépit.
101	Glaciale	Refus, oubli.

102 Grenade. . . . . . . Ambition, magnificence.
103 Grenadille. . . . . . Peine d'amour.
104 Gueule-de-loup. . . Politique.
105 Guirlande de Fleurs. . Chaîne d'amour.
106 Héliotrope. . . . . . Abandon, versatilité.
107 Hortensia . . . . . Amour constant.
108 Hyacinthe. . . . . . Douleur, délicatesse.

109 Immortelle . . . . . Constance à l'épreuve.
110 Iris blanc. . . . . . Espoir.
111 — bleu. . . . . . Confiance.

112 Jasmin blanc. . . . Passion, volupté.
113 Jasmin jaune. . . . Bonheur.
114 Jonquille. . . . . . Désir ardent.
115 Jombarbe. . . . . . Esprit, adresse.
116 Julienne. . . . . . Passe-temps.
117 Jusquiame.. . . . . Vilainie.

118 Laurier amandé . . Victoire, triomphe.
119 — blanc. . . . Candeur, sincérité.
120 — rose. . . . Beauté, bonté.
121 — d'Espagne. . Persévérance.
122 Lavande. . . . . . Coquetterie.
123 Liane . . . . Adulation.
124 Lierre. . . . . . . Tendresse.
125 Lilas. . . . . . . Jeunesse.
126 — blanc . . . . Innocence.
127 Lis . . . . Candeur.

128 Marguerite . . . . Naïveté.
129 — (reine). . Splendeur.
130 Marjolaine. . . . . Toujours heureux.

131	Matricaire	Passion violente.
132	Molène.	Rusticité.
133	Muguet	Légèreté, fatuité.
134	Myrthe	Amour, tendre retour.
135	— fleuri	Amour trahi.
136	Narcisse	Amour-propre, vanité.
137	Nénupha.	Froideur.
138	Nigelle	Pruderie.
139	Noisettier	Réconciliation.
140	Noyer	Religion.
141	OEillet blanc. . . .	Fidélité, patriotisme.
142	— ponceau . .	Horreur.
143	— jaune. . . .	Dédain.
144	— rose	Sensation.
145	— mêlé. . . .	Encouragement.
146	— Incarnat. . .	Réciprocité.
147	— de Chine. . .	Gentillesse.
148	— d'Inde. . . .	Flatterie.
149	— de Poète. . .	Union.
150	Olivier.	Paix.
151	Oreille de lièvre . .	Poltronnerie.
152	— d'ours . . .	Séduction.
153	Ortie.	Ingratitude.
154	Pariétaire	Ambition.
155	Passe-rose	Plaisir doux, calme.
156	Patience	Accord.
157	Pavot.	Langueur, ennui.
158	— blanc. . . .	Soupçon.
159	— mêlé. . . .	Surprise.
160	— rose	Vivacité.

161 — rouge. . . . Orgueil.
162 — simple . . . Etourderie.
163 Pensée. . . . . . Souvenir expressif.
164 Pervenche. . . . . Amitié éternelle.
165 Pied d'alouette. . . Timidité, ingénuité
166 Pivoine double. . . Eclat.
167 Pivoine simple . . . Honte.
168 Pois fleur. . . . . Plaisir délicat.
169 Pomme d'amour. . . Brouille.
170 Primevère. . . . . Premier amour.
171 Pyramidale . . . . Orgueil.

172 Renoncule. . . . . Perfidie.
173 Réséda. . . . . . Douceur, jouissance.
174 Romarin . . . . - Bonne foi, franchise.
175 Ronce. . . . . . Soucis.
176 Rose. . . . . . Fraîcheur, tendresse.
177 — blanche. . . . Intérêt, innocence.
178 — jaune. . . . . Chagrin.
179 — naine. . . . . Honte.
180 — de chien . . . Arrogance.
181 — sauvage. . . . Simplicité.

182 Saxifrage. . . . . Défi.
183 Scabieuse. . . . . Mystère, veuvage.
184 Sensitive. . . . . Pudeur.
185 Seringa. . . . . . Mépris.
186 Serpolet . . . . . Etourderie.
187 Souci . . . . . . Peine, duperie.

188 Thlaspi . . . . . Colère.

189 Thym. . . . . .   Jalousie.
190 Tournesol. . . . .   Intrigue.
191 Tulipe. . . . . .   Décenee, grâce.
192   —   double. . .   Affectation.
193 Tubéreuse. . . . .   Indifférence.

194 Violette. . . . . .   Pudeur, modestie.
195   —   blanche. .   Innocence.

CORBEILLE
DE FLEURS.

—

La sagesse, autrefois, habitait les jardins,
Et d'un air plus riant instruisait les humains;
Et quand les dieux offraient un Elysée aux sages,
Etaient-ce des Palais? c'étaient des verds bocages,
C'étaient des prés fleuris, séjour des doux loisirs,
Où d'une longue paix ils goûtaient les plaisirs.

Delille.

—

LA PAIX DES CHAMPS,
et l'agitation des villes.

Propice agriculture, art des premiers humains,
L'homme a trop dédaigné la tâche de ses mains;
Mais en quittant le soc que guidaient ses ancêtres,
Il a payé bien cher l'oubli des soins champêtres.
Loin du bruit des combats, loin d'un féroce honneur,
Sous un abri de chaume il trouvait le bonheur.
La terre, à ses besoins prodiguant ses largesses,
Faisait germer pour lui d'innocentes richesses.
Il avait pour trésors des grottes, des ruisseaux,
Des fontaines, des lacs et de riants côteaux;
La force, la santé, le sommeil sous un hêtre,
La paix, la paix du cœur, fruit du travail champêtre,
Une table frugale et ses enfans autour,
Compagnons de sa peine, et doux objets d'amour.
Quel insensé quitta ces demeures tranquilles,
Pour grossir un vain peuple assemblé dans les villes,

Pour courir en esclave aux portes des palais
Mendier le coup-d'œil d'un tyran sous le dais?
Quel barbare mortel reforgea pour la guerre
Le fer qui dans nos mains fertilisait la terre,
Chassa le laboureur d'un champ riche et fécond
Que hérissa bientôt la ronce et le chardon !
Au lieu des blancs épis éleva dans les pleines
Les panaches flottans des légions hautaines,
Et dans le choc pressé de tant de bataillons,
par des ruisseaux de sang inonda les sillons !

LEMIÈRE.

LES FLEURS.

Hâtez-vous, vos jardins vous demandent des fleurs.
Fleurs charmantes ! par vous la nature est plus belle ;
Dans ses brillans tableaux l'art vous prend pour modèle;
Simples tributs du cœur, vos dons sont chaque jour
Offerts par l'amitié, hasardés par l'amour.
D'embellir la Beauté vous obtenez la gloire;
Le laurier vous permet de parer la victoire;
Plus d'un hameau vous donne en prix à la pudeur,
L'autel même, où de Dieu repose la grandeur,
Le parfum au printemps de vos douces offrandes,
Et la religion sourit à vos guirlandes.
Mais c'est dans nos jardins qu'est votre heureux séjour,
Filles de la rosée et de l'astre du jour,
Venez donc, de nos champs décorer le théâtre.
N'attendez pas pourtant qu'amateur idolâtre,
Au lieu de vous jeter par touffes, par bouquets,
J'aille de lits en lits, de parquets en parquets,
De chaque fleur nouvelle attendre la naissance.
Observer des couleurs, épier la nuance;
Je sais que dans Harlem plus d'un triste amateur
Au fond de ses jardins s'enferme avec sa fleur ;
Pour voir sa renoncule, avant l'aube s'éveille ;

D'une Anémone unique adore la merveille ;
Ou, d'un rival heureux, enviant le secret,
Achette au poids de l'or, les taches d'un œillet ;
Laissez-lui sa manie et son amour bisarre :
Qu'il possède en jaloux et jouisse en avare.

Sans obéir aux lois d'un art capricieux,
Fleurs, parure des champs et délices des yeux,
De vos riches couleurs venez peindre la terre ;
Venez : mais n'allez pas dans les buits d'un parterre
Renfermer vos appas tristement relégués.
Que vos heureux trésors soient partout prodigués !
Tantôt de ces tapis émaillez la verdure,
Tantôt de ces sentiers égayez la bordure ;
Formez-vous en bouquets, entourez ces berceaux ;
En Méandres brillans courez au bord des eaux,
Ou tapissez ces murs, ou dans cette corbeille.
Du choix de vos parfums embarrassez l'abeille.

DELILLE.

Oh ! comme chaque fleur, en ce riant dédale,
Prodigue aux sens charmés sa grâce végétale !
Noble fils du soleil, le lys majestueux
Vers l'astre paternel dont il brave les feux ,
Elève avec orgueil sa tête souveraine ;
Il est le Roi des fleurs dont la rose est la Reine.
L'obscure violette, amante des gazons,
Aux pleurs de leur rosée entremêlent ses dons,
Semble vouloir cacher sous leurs voiles propices,
D'un pudique parfum les discrètes délices :
Pur emblême d'un cœur qui répand en secret
Sur le malheur timide un modeste bienfait
Le narcisse plus loin, isolé sur la rive,
S'incline, réfléchit dans l'onde fugitive ;
Cette onde, cette fleur s'embellit à mes yeux ;
Par le doux souvenir du ruisseaux fabuleux :

Tant les illusions des poétiques songes
Nous font encore aimer leurs antiques mensonges !
Voit l'hyacinthe ouvrir sa coralle d'azur,
Le riche œillet, ami d'un air tranquille et pur,
Varier ses couleurs d'une teinte inégale,
Le muguet arrondit l'argent de son pétale.
Et l'épais chevrefeuille errer en longs festons.
La rose te sourit à travers ses boutons ;
Heureux, en la voyant, du baiser qu'il espère,
Le berger la promet au sein de sa bergère !
Fleur chére à tous les cœurs, elle pare à-la-fois
Et le chaume du pauvre et le marbre des rois ;
Elle orne, tous les ans, la beauté la plus sage;
Le prix de l'innocence en est aussi l'image ?

Boisjolin, Poëme sur la botanique.

—

Mais qui peut refuser un hommage à la Rose,
La Rose dont Vénus compose ses bouquets,
Le printemps sa guirlande, et l'amour ses bosquets,
Qu'Anacréon chanta, qui formait avec grâce
Dans les jours de festin la couronne d'Horace ?

Delille, les jardins, Chant troisième.

LA ROSE.

Lorsque Vénus, sortant du sein des mers,
Sourit aux Dieux charmés de sa présence,
Un nouveau jour éclaira l'univers ;
Dans ce moment la Rose prit naissance.
D'un jeune lys elle avait la blancheur ;
Mais aussi, le père de la treille,
De ce nectar dont il fut l'inventeur,
Laissa tomber une goute vermeille :
Et pour toujours il changea sa couleur.

De Cythère elle est la fleur chérie,
Et de Paphos elle orne les bosquets;
Sa douce odeur aux célestes banquets,
Fait oublier celle de l'ambroisie;
Son vermillon doit parer la beauté;
C'est le seul fard que met la volupté.
A cette bouche où le sourire joue,
Son coloris prête un charme divin;
De la pudeur elle couvre la joue,
Et de l'aurore elle rougit la main.

PARNY.

LA ROSE.

ODE ANACRÉONTIQUE.

Tendre fruit des pleurs de l'Aurore,
Objet des baisers du Zéphir,
Reine de l'empire de Flore,
Hâte-toi de t'épanouir.
Que dis-je, hélas! diffère encore,
Diffère un moment de t'ouvrir:
L'instant qui doit te faire éclore
Est celui qui doit te flétrir.
Thémire est une fleur nouvelle
Qui doit subir la même loi:
Rose, tu dois briller comme elle:
Elle doit passer comme toi.
Descends de ta tige épineuse,
Viens la parer de tes couleurs:
Tu dois être la plus heureuse
Comme la plus belle des fleurs.
Va, meurs sur le sein de Zémire,
Qu'il soit ton trône et ton tombeau:
Jaloux de ton sort, je n'aspire
Qu'au bonheur d'un trépas si beau.

6

L'Amour aura soin de t'instruire
Du côté que tu dois parer;
Eclate à ses yeux sans leur nuire,
Pare son sein sans le cacher.

   Si quelque main a l'imprudence
D'y venir troubler ton repos;
Emporte avec toi ma vengeance,
Garde une épine à mes rivaux.

BERNARD.

L'ÉLYSÉE DES HOMMES ET DES DIEUX,

DANS LES JARDINS.

Si la faveur du sort, surpassant mes souhaits,
Eût voulu m'accorder de plus riches guérets,
Des taillis étendus et de gras pâturages,
J'aurais, dans mes jardins, rassemblé les images
De ces mortels chéris qui, secondés des Dieux,
Ont chanté la nature en vers mélodieux.
Hésiode et Rosset, de la main de Cybelle,
Recevraient tous les deux une palme immortelle.
Comme un orme élevé voit, jusqu'à sa hauteur,
Croître un brillant ormeau dont il est créateur;
Ainsi le grand berger, la gloire de Mantoue,
Aurait à ses côtés Delille qu'il avoue.
Théocrite ou Gessner, tenant leurs chalumeaux,
Présideraient encore aux danses des hameaux:
J'irais voir chaque jour notre bon Lafontaine.
Et toi, chantre des mois, à ta Muse hautaine,
Digne d'un autre temps et d'un destin meilleur,
D'un berceau de cyprès j'offrirais la douleur.
Masson, Marnesia, de mon frais paysage
Sembleraient dessiner l'élégant assemblage :
Fontanes ornerait le fertile verger,
Et Parny de mes fleurs se verrait ombrager.

Près d'un torrent fougueux, sous des bois prophétiques,
Thompson entonnerait ses sublimes cantiques.
Bernis de lacs d'amour unirait les Saisons,
Et sur un beau tapis de verdoyans gazons,
Saint-Lambert, inspiré par la philosophie,
Présenterait aux grands la charrue ennoblie.

Heureux qui peut jouir de ces brillans tableaux!
Plus heureux qui, sans faste, habitant les hameaux!
Satisfait des écrits où respirent ces sages,
Aime à les contempler dans leurs vivans ouvrages!
Ses desirs ne vont point au-delà du vallon
Où le soleil naissant éclaire sa maison,
Du jardin rafraîchi par l'eau de la colline,
Et de l'ombrage épais de la forêt voisine.
Qu'irait-il demander au luxe des cités?
Il a vu du printemps la pompe et les beautés,
Les champs ont su répondre à l'espoir de ses granges,
Et ses pieds ont foulé de fertiles vendanges.
Si le char du soleil, aux portes du matin,
Promet à la nature un jour pur et serein,
A travers la forêt il mène sa compagne,
Et son fils, jeune encore, en courant l'accompagne.
Des fruits et quelques mets que la ferme a fournis,
Posés, près d'un ruisseau, sur les gazons fleuris,
Leur procurent sans frais un repas délectable:
Ni remords, ni soucis n'approchent de leur table;
Tout rit à leurs regards, et ce commun bonheur
Augmente encor celui qu'ils portent dans leur cœur.
Il semble que pour eux, sous ces ombres propices,
L'âge d'or renaissant épuise ses délices.

CASTEL.

LES QUATRE SAISONS.

Voyez comme l'année, en son cours qui varie,
Se partage en saisons, images de la vie.
Le Printems, jeune enfant, bercé par les Zéphirs,
Se couronne de fleurs, et sourit aux plaisirs.
Le blé, du laboureur espérance fragile,
Nourrit de sucs laiteux son enfance débile;
Et le fruit en bouton se cache sous les fleurs,
De dons plus précieux frêles avant-coureurs.
L'Eté, fils du Soleil, coloré par le hâle,
Succède au doux Printems, plus robuste et plus mâle
C'est dans cette saison que l'an plus vigoureux,
Enfante plus de fruits, brûle de plus de feux.
L'Automne déjà mûr, sans être vieux encore,
S'enrichit des trésors que l'Eté fit éclore :
De la jeunesse en lui les feux sont amortis :
Même on peut sur son front compter des cheveux gris.
L'Hiver, glacé du froid que souffle son haleine,
Le suit à pas tremblans, et chemine avec peine.
Son front chauve et neigeux, et battu par les vents,
Ou n'a plus de cheveux, ou n'en a que de blancs.
Ainsi que des saisons, on voit changer les hommes.
Ce qu'hier nous étions, ce qu'aujourd'hui nous sommes,
Demain, faibles mortels, nous ne le serons plus.
Autrefois, dans le sein où nous fûmes conçus
De l'homme encore à naître incertaine espérance,
La nature ébaucha notre informe existence,
Et, de peur que le flanc où nous étions formés
Ne nous tînt en prison trop long-tems enfermés,

Sa main vint nous ouvrir les portes de la vie.
L'enfant respire à peine : il souffre, il pleure, il crie ;
Il tente, pour marcher, des efforts long-tems vains ;
Débile quadrupède, il rampe sur ses mains ;
Sur ses pieds, en tremblant, par dégrés il se dresse ;
Bientôt de ses genoux essayant la souplesse,
Il marche, et, plein de force et de légèreté,
Passe rapidement le cours de son été,
Arrive à son automne ; et sa marche affaiblie,
Chancelle en son hiver, au déclin de la vie,
Et l'entraîne en la tombe où l'attend le trépas.
Milon devenu vieux, pleure de voir ses bras,
D'os, de muscles tendus vigoureux assemblage,
Tomber, languir sans force, appesantis par l'âge.
Tu pleures, Tyndaris, et tu crains de te voir
Lorsque ton œil éteint consulte ton miroir :
Cette Hélène si belle, et deux fois enlevée !
Tu la cherches, la vois, et ne l'as point trouvée.
O vieillesse cruelle ! O Tems qui dans ton cours
Ne t'arrêtes jamais, et ravages toujours !
L'airain s'use, rongé par ta dent corrosive.
La vie est une mort et lente et successive.

De Saint-Ange.

LE PRINTEMPS.

Le Printemps qu'annonçait l'hirondelle,
Des saisons à mes yeux vient d'ouvrir la plus belle.
Le chêne s'est eteint dans nos foyers déserts,
Et des arbres déjà tous les sommets sont verts ;
Les troupeaux librement épars dans les campagnes,
Les oiseaux, dans les bois, par couples réunis,
Broutent le serpolet au penchant des montagnes,
Suspendent aux rameaux la mousse de leurs nids :
J'entends le rossignol, caché sous le feuillage,
Rouler les doux fredons de son tendre ramage.
Les champs d'herbe couverts, les prés semés de fleurs,
De leurs rians tapis font briller les couleurs ;
Le lilas flatte plus les regards de l'Aurore,
Que les rubis de l'Inde et les perles des Maures ;
Et les Zéphirs légers, voltigeant sur le thim,
Nous rapportent le soir les parfums du matin.
Ah ! lorsque le Printemps, d'une amoureuse haleine,
De nos champs embellis vient ramener la scène,
Quel œil inanimé voit sans ravissement,
Après de longs frimats, ce spectacle charmant ?
Quel est le voyageur, monté sur la colline,
Qui, voyant quel tableau devant lui se dessine,
Ne promène ses yeux sur le vaste contour
D'un horizon superbe, éclairé d'un beau jour ;
Sur la tranquillité de ces pleines fertiles,
Sur ces hameaux, exempts des passions des villes,
Sur ces sites heureux, et ces aspects touchans
Qu'étale en ces lointains, l'immensité des champs ?
Accourez avec moi, vous peintres, vous poëtes :
Palès réclame ici vos luths et vos palettes :
Savans, abandonnez vos asiles secrets ;
Vous belles, vos réduits ; et vous grands, vos palais ;

Venez tous avec moi sur ces monts de verdure,
Rendre hommage au Printemps, et bénir la Nature.

LEMIÈRE.

—

Quand les premiers zéphirs, de leur tièdes haleines,
Ont fondu les frimats qui blanchissaient les plaines,
Quel œil n'est pas sensible à l'aspect ravissant
De l'herbe rajeunie et du bourgeon naissant ?
Mais si l'on songe encor que ces plantes nouvelles
Bientôt, en s'élevant, porteront avec elles
L'aliment, les plaisirs, la santé des humains ;
Qui pourra sans regret ignorer leurs destins ?
Qui ne verra combien leur étude facile
Doit embellir la vie et nous doit être utile ?
    Souvent une herbe épaisse étouffe les moissons.
Cependant, dès l'été, retournant ses vallons
Le laboureur n'omit ni peine, ni dépense,
Et le van de Cérès épure sa semence.
Mais il ne connaît pas les plantes dont l'essaim
A de ses jeunes blés envahi le terrain ;
Et sa main, chaque année en butte à leur outrage,
Perd, sans les extirper, son temps et son ouvrage.
Heureux donc, qui foulant les prés et les côteaux,
Apprit à vous connaître, utiles végétaux !
Il sait quel pâturage aime le bœuf fidèle ;
Où la chèvre remplit sa traînante mamelle ;
Quel gazon des brebis ranime la gaîté,
Et rend à ses coursiers leur brillante fierté.
D'un agréable éclat veut-il orner la laine ?
Il trouve des couleurs dans la forêt prochaine.
Veut-il d'un mal cuisant détruire le poison ?
Le remède est en fleur dans le sein du vallon.
Si la pâle famine afflige la contrée,
Son cœur pour ses enfans n'en craint pas la durée ;

La science aussitôt sur eux étend ses soins,
Debout veille à leur porte, et chasse le besoin :
C'est elle qui l'éclaire, et découvre à sa vue
Des trésors naturels la ressource imprévue,
Tant de fruits dans les bois aux rameaux attachés,
Et tant d'autres encor sous la terre cachés.
Il apprend par quel art une plante sauvage
Des présens de Cérès peut remplacer l'usage,
Et comment l'industrie à su changer en pain
Et les boutons du trèfle, et l'écorce du pin.
Il connaît à l'aspect des fleurs et du feuillage
Le dessein des autans, les projets de l'orage,
Le tems de la semence et celui des moissons.

Surtout, de la science écoutez les leçons,
Vous qui rendez la terre à la bêche docile,
Et courez des jardins la carrière facile.
Mais ne vous trompez pas, c'est au milieu des bois
Qu'il faut de la nature étudier les lois.
Elle aime qu'on la suive à travers les campagnes,
Qu'on gravisse avec elle au sommet des montagnes,
Qu'on cherche les réduits, où de ses mains plantés
Croissent les végétaux dans toutes leurs beautés.
C'est là qu'à nos regards, parlant sans interprètes,
Elle aime à dévoiler ses merveilles secrètes.
Ah ! combien l'amitié, les vertus, les talens
Ont trouvé dans les fleurs d'aimables monumens !
Combien de noms fameux, ravis à la mémoire,
Sous l'herbe ou l'arbrisseau qui consacre leur gloire !
La richesse se perd, la force se détruit :
Le sort jaloux abat ce que l'homme a construit,
Sur le front des rois même imprime ses outrages,
Renverse leurs palais, et brise leurs images.
Plus durable, lui seul, que le marbre et l'airain,
L'arbuste où vit leur nom, triomphe du Destin.

C'est une inscription que le tems renouvelle,
Qu'offre chaque printems, que chaque hiver rappelle.

CASTEL.

———

Doux charme de la solitude,
Muse que caressa Bernis,
Prête-moi son frais coloris :
Toi qui bannis l'inquiétude,
Viens t'emparer de mon loisir,
Surtout amène-moi l'étude ;
L'ennui m'en fit une habitude,
L'habitude en fait mon plaisir.
Quand Flore célèbre la fête
Et le retour du doux Printems,
Que le berger à sa houlette
Attache ses plus beaux rubans,
Que sur son sein la bergerette
Place des bouquets odorans,
Je veux, aux sons de la musette,
Marier mes rustiques chants ;
Je veux enfin que ma palette
Se teigne des fleurs du printems.
Bergers, pour vous dont l'âme est pure,
Combien ce moment a d'appas !
Ceux qui ne la connaissent pas
Peuvent dédaigner la nature ;
Mais vous la vengez de l'injure
Que lui font des enfans ingrats,
Par la généreuse culture
Que son sein reçoit de vos bras.
Elle vous doit tous ses appas ;
Vous prenez soin de sa parure
Qu'avait outragée la froidure,

Et la consolez des frimas.
Déjà l'hirondelle frileuse
Arrive d'un climat lointain,
Et l'aurore moins paresseuse
Ouvre les portes du matin.
Déjà dans le prochain bocage,
On entend les airs indiscrets
Du chantre joyeux des forêts ;
L'éclat de son bruyant ramage,
A troublé les plaisirs secrets
Des hôtes de son voisinage.
Que faites-vous dans vos palais ?
Vous, dont l'orgueil est le partage.
Laissez le stérile avantage,
De vous ennuyer à grands frais ;
Quittez vos trônes et vos dais.
Venez mériter au village
Le plus délicieux hommage,
Celui qu'on accorde aux bienfaits.
Les respects qu'on paye à l'usage
Ne valent pas ces plaisirs vrais.
C'est ici qu'on goûte les charmes
De la touchante égalité.
Ici le cœur n'est pas gâté,
L'œil y répand encor les larmes ;
Mais la nature et ses beautés
Vous paraissent trop insipides,
Vous regrettez les lieux perfides
Par l'art et le luxe habités.
Dans les jardins de vos Armides,
Du Printemps goûtez le retour,
Et fuyez les chaleurs du jour
A l'ombre de vos pyramides.
Pour moi , que la paix et l'amour
Appellent sous de frais ombrages ,

J'aime mieux un toit de feuillages
Que le plus fastueux séjour.
Déjà tout revit et s'anime.
Perché sur ces épais buissons ,
Dont mon œil voit blanchir la cîme ,
L'oiseau prolonge ses chansons;
La blanche et suave aubépine ,
La violette purpurine ,
Et la fleur qui naît dans les champs ,
Mêlent leurs parfums odorans :
Zéphir , jaloux de leur haleine,
La dérobe en les caressant ,
Mais pour la répandre à l'instant
Sur les coteaux et dans la plaine.
Voyez ces insectes ailés
Teints de la couleur la plus pure ;
Ces gazons frais, cette verdure,
Que la jeune Aurore a perlés ;
Ces lillas s'arrondir en voûte ;
Ces tilleuils s'étendre en berceau ;
Ce clair et limpide ruisseau ,
Parmi les fleurs frayant sa route.
Sur le penchant de ce coteau ,
Plein d'une ardeur impatiente ,
J'entends le vigoureux taureau
Mugir en cherchant son amante :
Plus loin, le généreux coursier
Hennit au sommet des montagnes,
Et soudain ses nobles compagnes,
Répondent à son cri guerrier.
C'est le réveil de la nature,
C'est aussi celui des amours;
Ils viennent avec les beaux jours ,
Et s'en vont avec la verdure.
Les tendres feux et les desirs

Naissent dans la saison de Flore,
Avec les fleurs on voit éclore,
L'espoir, l'amour, et le plaisir.
Mais que vois-je ! cette prairie
Que naguère inondaient les eaux,
Etend sa verte draperie
Le long de ces rians côteaux.
Et déjà le faucheur épie,
Ennuyé d'un trop long repos,
Le nuage chargé de pluie
Qui suspend encor ses travaux.
Déjà sa main avide essuie
La rouille attachée à sa faulx ;
L'herbe à ses pieds tombe sans vie,
Sa tige mourante et flétrie,
Gémit sous la dent du rateau.
Je crois voir la Parque ennemie
Suspendre son léger fuseau,
Et saisir le fatal ciseau
Qui doit aussi trancher ma vie.
Le son redoublé des grelots,
M'arrache à cette rêverie,
Et dans l'instant cette prairie
Se couvre de nombreux troupeaux.
Ils se répandent dans la plaine ;
Le jeune pasteur qui les mène
Essaye sur son chalumeau
Les doux accords d'un air nouveau.
Sa lèvre d'abord incertaine,
Interroge chaque tuyau :
Cet air lui donne un peu de peine ;
Mais le prix l'attend au hameau.
Le pâtre est amoureux d'Ismène
Pour qui l'on fit cette chanson,
Et c'est une bonne raison,

Pour que son amoureux l'apprenne.
Mais pour jouir d'une autre scène,
Je laisse et troupeaux et berger,
Et dans l'enclos de mon verger
Mon œil avide se promène.
Je vois le long d'un espalier
Qui forme sa riche clôture,
S'éteindre d'une couleur pure
Un jeune et tendre abricotier.
Plus loin, le noueux cerisier
Mêle sa naissante verdure
A la blancheur de l'amandier.
C'est dans ce lieu que la Nature
Me dédommage avec usure,
Et que sa main vient me payer
Le prix qu'exige ma culture.
Quelquefois j'aime à m'oublier
Sur le penchant d'une colline,
Qu'elle a pris le soin d'ombrager.
De ce coteau mon œil domine
Sur mon utile potager;
Une source qui l'avoisine,
Du sol tempère les ardeurs,
Et fait pleuvoir dans ma cuisine
Une ample moisson de primeurs.
Son onde filtre sous les fleurs
Qui bordent sa rive chérie,
Et se teint des vives couleurs
Du prisme qui les multiplie.
Si quelqu'obstacle contrarie
Le cours rapide de ses flots,
Ses bras s'étendent en rameaux
Qui vont au loin porter la vie.
J'ai soin, par de légers travaux,
D'écarter la monotonie

Dont l'âme est souvent assaillie
Dans le cours d'un trop long repos.
Mon occupation varie
Selon les caprices du tems ;
Et par d'utiles réglemens,
Toute ma journée est remplie.
Quelquefois d'une main hardie,
J'étaie un arbre en le greffant.
Ma vigne croît, je la marie
A l'ormeau flexible et liant,
Où, sur une plante engourdie
Par le souffle acide du vent,
Je pose une tuile arrondie
Qui la préserve du levant.
Puissé-je ainsi passer ma vie
Et voir s'écouler chaque instant
Loin des flatteurs et de l'envie !
Mais le front couronné d'épis,
Déjà vers nous l'été s'avance ,
Et semble nous montrer le prix
Dont il flatte notre espérance.
Ainsi se suivent les saisons,
Notre vie ainsi se partage
Selon le tems et suivant l'âge
Des fleurs , des fruits , et des glaçons.

A. De Charbonnièae.

—

Sur l'herbe tendre
Le ciel vient d'étendre
Un tapis de fleurs;
Et l'aurore arrose
De ses tendres pleurs,
De la jeune rose

Les vives couleurs.
Déjà Philomèle
Ranime ses chants,
Et l'onde se mêle
A ses sons touchans.
Sur un lit de mousse
Les amours, au frais,
Aiguisent des traits
Qu'avec peine émousse
La froide raison ,
Qui croit qu'elle règne
Quand elle dédaigne
La belle saison.
Nos berceaux se couvrent
Du souple jasmin ;
Nos yeux y découvrent
Le riant chemin
Par où le mystère,
Servant nos desirs ,
Nous mène à Cythère
Chercher les plaisirs.
Oui , de la nature
La vive peinture
Nest pas sans dessein.
Tant de fleurs nouvelles
Qui de tant de belles
Vont orner le sein ;
Le tendre ramage
Des jeunes oiseaux ;
Le doux bruit des eaux ,
Tout offre l'image
D'un aimable Dieu :
Tout lui rend hommage.
Dans un si beau lieu ,
Tout y peint son feu :

Hélas ! quel dommage
Qu'il dure si peu !
Il pénètre l'âme,
Ce feu trop subtil....
Mais pourquoi faut-il
Que de cette flamme,
Qui peint le printemps,
Tout, en même temps,
Trace à notre vue
La légéreté,
Souvent imprévue
Chez la volupté ?
L'onde fugitive
A l'âme attentive
Peint, à petit bruit,
L'ardeur passagère
Dont l'éclat séduit
Plus d'une bergère
Que l'Amour conduit.
L'haleine légère
Du Zéphir badin
Qui, dans ce jardin,
Vole autour de Flore,
Du vif incarnat
Qu'il fait éclore,
Le frivole éclat,
De l'oiseau volage
Les accords légers,
Peignent du bel âge
Les feux passagers.

Tout ce qui respire
Nous dit en ce tems :
L'amoureux empire
Est un vrai Printems ;

Il plaît, il enchante,
On l'aime, on le chante ;
Soins trop superflus !
Vaut-il ce qu'il coute ?
A peine on le goûte
Qu'il n'est déjà plus.

BERNARD.

LE PAYSAGE.

Que d'objets rassemblés dans ce frais paysage !
    Le fleuve en son heureux passage
Réfléchit de ses bords la fertile beauté,
Et baigne de ses eaux, lentement fugitives,
Tous ces monts de verdure élevés sur ses rives.
Que le ciel est serein ! Quel calme dans les champs !
Que ces sites sont doux ! Que ces lieux sont touchans !
O puissante nature ! O grande enchanteresse,
Tout ce que j'aperçois m'attache et m'intéresse :
L'arbre de ces vergers, dont les rameaux féconds
Courbent leurs fruits pendans sur l'ombre des gazons,
Et le saule incliné sur la rive penchante,
Balançant mollement sa tête blanchissante ;
Le pavot effeuillé par le souffle des vents,
Et ce pâle rideau de peupliers mouvans ;
Ces sentiers, ces détours, qu'ombrage la charmille ;
Dans ce nid suspendu cette jeune famille.
    Assis auprès de ce ruisseau,
Qui tombe d'une grotte et fuit dans la prairie,
Je sens naître dans moi la vague rêverie
    Qui suit les erreurs de son eau.
Le soleil, plus brillant au bout de sa carrière,
Des couleurs de l'iris nuance sa lumière :
Il embrasse les cieux, et son disque incliné
Descend sur l'horizon, de flamme environné.

J'entends les sons aigus de l'instrument rustique,
Rappelant les troupeaux à cette ferme antique.
Au pâtre fatigué , la nuit permet enfin
De suspendre un travail qu'il reprendra demain.
Au signal du repos, le laboureur ramène
Le bœuf laborieux , compagnon de sa peine :
Ils foulent à pas lents la mousse des vallons ,
Et le soc retourné traîne dans les sillons.

LA HARPE.

L'ÉTÉ.

—

J'ai chanté Flore et la Verdure,
Disons les bienfaits de l'Eté.
Amant de la simplicité,
Mon vers ne connaît de parure
Que celle de la vérité.
Si sa marche a quelque mesure,
S'il a deviné la césure,
S'il coule avec rapidité,
Il ne le doit qu'à la nature,
Comme une onde limpide et pure,
Qui fuit sur un sable argenté,
Lui doit sa brillante clarté.
Si moins timide ou plus habile,
Mon luth pouvait être écouté,
Il ne serait jamais monté
Qu'au ton modeste de l'idylle :
Décente sans austérité,
Agréable, et pourtant utile,
On trouve à-la-fois dans son style
La grâce et la moralité.
Si je veux peindre la Beauté
D'un obscure et champêtre asile,
Irai-je sans nécessité
Faire l'étalage inutile,
Des noms de chaque déïté ?
Un vase élégant, mais fragile,
Peut-il jamais être sculpté
  Comme le bouclier d'Achille ?
Un langage trop figuré
Tahit une stérile veine.
Tel on voit l'enfant dans la plaine

Prendre un élan démesuré
Pour franchir un étroit fossé,
Qu'il aurait enjambé sans peine.
L'air de l'effort et de la gêne,
Déplaît avant d'avoir lassé.
Puisse ma plume, au goût fidèle,
Fuir cet écueil si redouté !
D'une heureuse facilité
Puisse-t-elle être le modèle !
Riche de sa fertilité,
Le riant sujet qui m'appelle
Ne veut rien qui soit apprêté,
Et la nature est toujours belle.
Déjà moins lente dans son cours,
La nuit abrège sa carrière ;
Sa pâle et tremblante courrière,
Fait place au règne des longs jours ;
Bientôt son ombre tutélaire
Ne sera plus pour les amours
Qu'un inutile et vain secours,
Qu'une gaze faible et légère.
Déjà les premières ardeurs
Dévorent l'humide rosée,
Le midi moissonne les fleurs ;
Leur jeune reine desséchée
Tombe sans vie , et sans couleurs ;
L'herbe mourante et consumée
Obtient à peine quelques pleurs
Des yeux de l'Aurore enflammée.
On voit les troupeaux languissans
Déserter les gras pâturages,
Pour éviter sous les ombrages
L'haleine pesante des vents ;
Sur leurs pas le chien haletant,
Sans les presser, muet se traîne ;

La voix du berger qui les mène
S'éteint dans son palais brûlant :
Il guide leur marche incertaine
Dans l'ombre épaisse des forêts ;
La douce vapeur d'un vent frais
L'attire auprès d'une fontaine.
C'est là que gémit le Printemps,
Contraint d'abandonner la pleine ;
Dans ces lieux il évite à peine
Du midi les feux dévorans.
Mais tandis que ce dieu déplore
Le vol trop rapide du temps,
Couronné d'épis jaunissans,
L'Eté presse le pas de Flore,
Qui succombe et résiste encore.
Déjà du sein des élémens
Jaillissent des flots de lumière ;
Le soleil ouvre sa carrière,
Porté sur des sillons ardens ;
La cime des rochers se dore ;
Le cèdre orgueilleux, s'inclinant
Devant le roi du firmament,
De son vif éclat se colore.
Son souffle régénérateur
Féconde le sein des campagnes,
Et sur les plus âpres montagnes,
Fait mûrir les fruits du labeur.
Mais quel déplorable présage
Cause l'effroi du laboureur ?
Le cri plaintif de la douleur
Se mêle au bruit d'un sombre orage :
Hélas ! c'est un épais nuage
Qui s'élève vers l'horizon :
Les vents sortis de leur prison
Donnent le signal du ravage.

La foudre gronde sur les monts,
L'éclair a sillonné leurs fronts,
Les antres au loin retentissent,
Les pasteurs effrayés pâlissent
Les ailes des noirs aquilons,
Répandent au loin les ténèbres;
Leurs voiles épais et funèbres
Se déroulent sur les vallons.
Bientôt la grêle meurtrière
Va moissonner l'or des guérets;
L'ombre affligeante des cyprès
Va couvrir la nature entière :
Soleil, écoute la prière
Des tristes enfans de Cérès;
Le seul espoir de tes bienfaits
Leur fait supporter la lumière.
La faim, la honte, la misère,
Voilà le fruit de leur travaux,
Si tu n'écartes tes fléaux,
Dont l'horreur ternit ta carrière !
Soudain le feu de mille éclairs
Dissout le nuage et le brise,
Sa glace en torrens se divise,
Son onde va grossir les mers;
Sur un trône de flamme assise,
Iris peint son arc dans les airs,
Et rappelle à tout l'Univers
Le signe qu'il caractérise.
Combien il est délicieux
L'instant qui succède à l'orage !
Sans doute, il est la douce image
Des jours que se filent les Dieux.
Pour chanter l'astre radieux,
L'oiseau retrouve son ramage,
Le paon vient sécher son plumage

Au nouvel éclat de ses feux.
On revoit les timides jeux
Se hasarder sur le rivage ,
Et la jeunesse du village
Reparaît encore avec eux.
L'Eté redouble par ses feux
Celui qu'allume le bel âge ;
L'été , la bergère est moins sage ,
Et le berger plus amoureux.
Au sein d'une grotte sauvage ,
Sous des rochers mystérieux ,
Est un bassin délicieux
Qu'environne un épais feuillage.
Cet asile silencieux ,
Appelle Lise , et l'encourage
A se dépouiller en ces lieux
De tous les voiles envieux
Que la pudeur mit en usage.
A la faible clarté des cieux ,
La nymphe en frisonnant s'engage
Dans l'eau qui lui peint son image ,
Et semble craindre encor ses yeux.
Mais déjà l'astre lumineux
Va se précipiter dans l'onde ,
Et les portes d'un autre monde
S'ouvrent devant son char poudreux ;
Une douce rosée inonde
Les bois et les champs altérés ;
Déjà les troupeaux sont rentrés.
On trait la génisse féconde :
Son lait en tribut apporté ,
Du villageois couvre la table ;
Alors un souper délectable
Que l'obligeante pauvreté
Assaisonne d'un air affable ,

Vous console par la gaîté
De l'insolente urbanité,
Dont l'opulence vous accable.
Mais sur les ailes du repos
La nuit dans les airs se balance,
Et Morphée aux humains dispense,
Le suc calmant de ses pavots.
Sur la lisière des coteaux,
A la faveur des sombres voiles,
Le braconnier étend ses toiles,
Et, se glissant dans les hameaux,
L'amour dresse aussi ses réseaux.
Alors l'active vigilance,
Et les époux, et les rivaux
Viennent tomber dans ses panneaux.
Alors tous les mortels égaux
Sont mis dans la même balance,
Et le sommeil qui récompense
Le laboureur de ses travaux,
Sans s'arrêter à l'opulence,
Accorde à la seule innocence
L'oubli des chagrins et des maux :
Mais, j'entends du travail champêtre
Le coq redonner le signal :
Le souffle du vent matinal
Rend aux mortels un nouvel être.
On voit avec le jour, renaître
Un nouveau règne pastoral,
Et, paré du luxe rural,
Il s'empresse de reparaître.
Déjà le moissonneur armé
De la menaçante faucille,
Brûle de nourir sa famille
Du gain fécond qu'il a semé :
Les chars ramènent l'abondance,

Et les possesseurs attendris
Laissent tomber quelques épis
Pour consoler l'humble indigence.
Tels sont les biens de l'innocence :
Heureux qui les a sous sa main !
Et, quand la nuit vient mettre fin
A cette pure jouissance,
Il reste encore l'espérance
Des délices du lendemain,
Tel un amant sans défiance,
Et dont le bonheur est certain,
Dort sur la foi de sa constance.

A. De Charbonnière.

L'ORAGE.

Une vapeur paraît, s'étend et s'épaissit ;
Le jour pâlit, l'air siffle, et le ciel s'obscurcit.
Dans le sein d'un nuage assemblant les tempêtes,
La main de l'Eternel les suspend sur nos têtes.
Il vient, et devant lui s'élancent les éclairs ;
Son trône redoutable est au milieu des airs ;
Il abaisse les cieux, l'orage l'environne ;
Les vents sont à ses pieds, la flamme le couronne ;
La foudre étincelante éclate dans ses mains :
Elle part, elle frappe, elle instruit les humains.
De ses traits enflammés voyez les tours brisées,
Les rochers abattus, les forêts embrâsées :
La terre est en silence, et la pâle frayeur,
Des peuples consternés, glace et flétrit le cœur.
De ses traits meurtriers la grêle impitoyable
Bat les tristes épis, les brise, les accable ;
Tous les vents déchaînés arrachent des sillons
Les blés enveloppés de leurs noirs tourbillons ;

7

Les torrens en fureur des montagnes descendent ;
Les fleuves débordés dans les plaines s'étendent ;
Les champs sont submergés, les épis ne sont plus.
O travaux d'une année ! un jour vous a perdus.

ROSSET.

LA CHAUMIÈRE.

Ni l'or, ni la grandeur ne nous rendent heureux.
Ces deux divinités n'accordent à nos vœux
Que des biens peu certains, qu'un plaisir peu tranquille ;
Des soucis dévorans c'est l'éternel asile ,
Véritable vautour que le fils de Japet
Représente enchaîné sur son triste sommet.
L'humble toit est exempt d'un tribut si funeste ;
Le sage y vit en paix et méprise le reste :
Content de ces douceurs, errant parmi les bois ,
Il regarde à ses pieds les favoris des rois ;
Il lit au front de ceux qu'un vain luxe environne ,
Que la Fortune vend ce qu'on croit qu'elle donne. .
Approche-t-il du but ? quitte-t-il ce séjour ?
Rien ne trouble sa fin : c'est le soir d'un beau jour.

LAFONTAINE, Philémon et Beaucis.

LE HAMEAU.

Rien n'est si beau
Que mon hameau.
Oh ! quelle image !
Quel paysage
Fait pour Vateau !
Mon ermitage
Est un berceau
Dont le treillage
Couvre un caveau
Au voisinage.
C'est un ormeau
Dont le feuillage
Prête un ombrage

A mon troupeau ;
C'est un ruisseau
Dont l'onde pure
Peint sa bordure,
D'un vert nouveau.
Mais c'est Silvie
Qui rend ces lieux
Dignes d'envie,
Dignes des Dieux.
Là, chaque place
Donne à choisir
Quelque plaisir
Qu'un autre efface.
C'est à l'entour
De ce domaine
Que je promène
Au point du jour,
Ma souveraine.
Si l'aube en pleurs
A fait éclore
Moissons de fleurs,
Ma jeune Flore
A des couleurs,
Qui, près des leurs,
Brillent encore.

Si les chaleurs
Nous font descendre
Vers le Méandre,
Dans ce moment
Un bain charmant,
Voit sans mystère,
Sans ornement,
Et la bergère
Et son amant.
Jupe légère
Tombe aussitôt :
Tous deux que faire ?
L'air est si chaud,
L'onde est si claire !
Assis auprès,
Comus après
Joint à Pomone
Ce qu'il nous donne

A peu de frais.
Gaîté nouvelle
Quand le vin frais
Coule à longs traits.
Toujours la belle
Donne ou reçoit,
Fuit ou m'appelle
Rit, aime, ou boit.
Le chant succède,
Et ces accens
Sont l'intermède
Des autres sens;
Sa voix se mêle
Aux doux hélas
De Philomèle,
Qui si bien qu'elle
Ne chante pas.

Telle est la chaîne
De nos desirs,
Nés sans soupirs,
Comblés sans peine,
Et qui ramène
De nos plaisirs
L'heure certaine.
Oh! vrai bonheur,
Si le temps laisse
Durer sans cesse,
Chez moi vigueur,
Beauté chez elle,
Jointe à l'humeur
D'être fidèle;
Qu'à pleines mains
Le ciel prodigue
Comble et fatigue
D'autres humains :
Moi, sans envie,
Je chanterai
Avec Silvie;
Je jouirai,
Et je dirai,
Toute la vie:
Rien n'est si beau
Que mon Hameau.

BERNARD.

JOUISSANCES CHAMPÊTRES.

Daignez aux habitans de la ferme voisine
Accorder un chemin à l'abri des chaleurs.
Que les jeunes enfans croissent parmi vos fleurs !
Près de vous, loin de vous, l'œil charmé se promène ;
Contemplez ces lointains, ces coteaux, cette plaine.
Quand avril reparaît, quand le jour renaissant
Se glisse à travers l'ombre, et l'efface en croissant,
La féconde génisse abandonne l'étable,
Mugit, et du hameau nourrice inépuisable,
Broutant jusqu'à la nuit un gazon ranimé,
Grossit le doux trésor de son lait parfumé.
L'œil la suit dans ces bois, dans ce noir labyrinthe,
Où de ses pieds pesans s'approfondit l'empreinte.
Là, sont des laboureurs, et dans le gras vallon,
Penchés sur leurs charrues, ils ouvrent un sillon.
Tandis que les brebis, qui paissent confondues,
Vous présentent de loin, aux rochers suspendues,
D'un nuage argenté l'immobile blancheur,
A vos pieds se promène un robuste faucheur :
L'herbe tombe et s'entasse en monceaux divisée ;
Souvent frémit la faulx sur la pierre aiguisée.
Peindrai-je dans les champs les moissonneurs épars,
Les gerbes, à grands cris, s'élevant sur les chars,
Et les folâtres jeux que la vendange amène ?...
. . . .
. . . .
. . . .

DE FONTANES.

L'AUTOMNE.

—

Quand, des jours et des nuits égalant la durée,
La balance paraît sur la voûte azurée,
L'Automne, couronné de pampre et de raisins,
Prend, des mains de l'Eté, l'empire des jardins.
Les folâtres plaisirs, les ris et l'abondance,
De la saison joyeuse annoncent la présence.
Peuples de qui la Marne aime à baigner les champs,
Et de la Côte-d'Or fortunés habitans,
Qu'aux coups de vos maillets vos tonnes retentissent;
Sur leurs flancs arrondis que les cerceaux s'unissent.
Je vois dans les celliers s'élever vos trésors,
Et la rouge vendange écumer à pleins bords.

  Près des nouvelles fleurs dont se parent les plaines,
Mes yeux avec délice ont vu mûrir les graines;
Les unes sans danger volent au gré des vents,
Se conservent sous l'herbe, et germent dans leurs temps :
Ainsi mille arbrisseaux renaissent sans culture,
Et l'aimable Cybèle augmente sa parure.
Les autres, si nos soins ne les dirigent pas,
Ne sauraient, en tombant, échapper au trépas :
Tels les grains oubliés que glane la misère,
Au bout de quelques jours pourriraient sur la terre.
D'un amour maternel, la nature conduit
Les plantes que son sein de lui-même produit.
Aux cultures de l'homme elle est moins favorable ;
Que le soc se repose ! et le bled peu durable
Aura bientôt perdu l'empire des sillons :
Le chardon y renaît hérissé d'aiguillons ;
La bardane reprend ses antiques domaines,
Et l'hièble, en vainqueur, domine dans les plaines.

L'ARRIÈRE-SAISON.

Les arbres ont changé leurs verdoyans atours :
La sève vagabonde, arrêtée en son cours,
Du rouge le plus vif colore leurs feuillages,
Et d'un jaune éclatant émaille les bocages.
Il semble, en contemplant l'érable au haut des monts,
Qu'un soleil lumineux le couvre de rayons.
Cet éclat toutefois, cette riche parure,
Ne vaut pas du printemps la naissante verdure :
L'âme mélancolique y voit avec regrets,
Du départ des beaux jours les sinistres apprêts.
Descendez dans ces fonds, où la vapeur grossière
Dessine en serpentant le cours de nos rivières;
L'année, à son déclin, s'y pare encor de fleurs,
Mais l'attente des froids a terni leurs couleurs.
Des habitans de l'air vois-tu les légions,
Prêtes à déserter nos tristes régions ?
Ce sont les végétaux, c'est Vertume et Pomone
Qui règlent, tous les ans, ce départ qui t'étonne.
Sitôt que le soleil leur assure le chemin,
Par la main des saisons prépare leur festin;
On les voit s'éloigner de la rive africaine,
Et diriger au nord leur course aérienne.
Mais lorsqu'ils ont enfin, de climats en climats,
Vidé les magasins disposés sur leurs pas,
Ils s'appellent entr'eux : chaque tribu s'assemble,
Part dans un soir propice, et voyageant ensemble,
Revole à l'équateur, où les champs plus féconds
Ont déjà vu mûrir de nouvelles moissons.
Les petits, fendant l'air d'une aile encor timide,
Cheminent sans savoir où leur mère les guide :
Mais aux froids de l'automne, aux étranges couleurs
Dont elle a bigarré la verdure et les fleurs,
Ne reconnaissant plus l'agréable bocage
Où, parmi les zéphirs, folâtrait leur jeune âge,
Après des lieux plus doux soupirant en secret,
Ils quittent leur berceaux sans plainte et sans regret.
A peine ils sont partis, Pomone se prépare
A combler les souhaits du laboureur avare.
Des rameaux ébranlés je vois le fruit pleuvoir :
Je vois l'amas vermeil grossir dans le pressoir;
Les cuves, les tonneaux, et la meule pesante
Qui broie, en tournoyant, la récolte odorante.

LE CIDRE.

Pourquoi des vins d'Aï l'éloquent défenseur ,
Du Champenois paisible oubliant la douceur ,
A-t-il osé flétrir d'une satire amère
Un jus délicieux qn'il ne connaisait guère?
Qu'il vente ses raisins et ce goût délicat
Qu'une douce fumée annonce à l'odorat :
C'est toi, fils de la pomme , étincelant breuvage ,
C'est toi qui sus jadis enflammer le courage
De ces fiers Neustriens , dont le bras indompté
Fit ployer Albion sous leur joug redouté.
Animé par ton feu , le père de la scène *
Aux rivages français amena Melpomène ,
Et ressuscitant Rome aux yeux du spectateur ,
Nous montra ses héros dans toute leur hauteur.
Tu sais , en pétillant sur la table enchantée ,
Joindre à l'éclat de l'or une mousse argentée.
La fièvre aux yeux ardens , que rallume le vin ,
Abandonne sa proie à ton aspect divin.

L'arbre qui te produit n'occupe pas sans cesse
Les mains du laboureur autour de sa faiblesse ;
Il se suffit lui-même , et ses bras vigoureux
Savent bien, sans nos soins, porter leurs fruits nombreux.
C'est l'ami de Cérès : à l'ombre de sa tête ,
Les épis fortunés méprisent la tempête ,
Et dans le même champ une double moisson
Nous donne l'aliment auprès de la boisson.
Salut , pommiers touffus qui couvrez la Neustrie ,
Puisse votre liqueur , nectar de ma patrie ,
Si je vous ai vengés d'injurieux rivaux ,
Me faire , non sans gloire , achever mes travaux !
Costes.

* Le Grand Corneil, né à Rouen

L'HIVER.

L'Hiver, enveloppé d'épais et longs nuages,
Dans les airs obscurcis commence ses ravages,
Détruit l'ouvrage heureux des trois autres saisons,
Et pétrit, en grondant, la neige et les glaçons.
Plus de chants : l'amour fuit son haleine mortelle.
Aux flûtes des bergers, aux sons de Philomèle,
Succèdent le fracas des torrens écumeux,
Et le rugissement des aquilons fougueux.
  Des présens de l'Olympe, en naissant enrichie,
La terre a dans son sein tous les germes de vie :
Là reposent les sucs qui portent jusqu'aux cieux
Des cèdres du Liban le front audacieux ;
Là l'humble sève, à qui nos fertiles contrées
Doivent leurs verts gazons et leurs moissons dorées.
Mais ces germes épars, sans force et sans vigueur,
Ont besoin, pour agir, d'une vive chaleur.
C'est le Dieu des saisons, noble époux de la terre,
Qui lui donne ce feu puissant et nécessaire.
A leur brillant hymen l'univers applaudit,
D'allégresse et d'amour la terre tressaillit,
Quand, déployant l'éclat de sa gloire immortelle,
Il couvrit de splendeur son épouse nouvelle.
Chaque fois qu'approchant de son char lumineux
Elle en peut recevoir des rayons amoureux,
On la voit s'embellir d'une riche verdure,
Et sa fécondité s'épanche sans mesure.
Mais quand l'arrêt fatal du sévère destin
L'oblige à s'écarter de ce centre divin,
Sa beauté disparaît, sa force l'abandonne ;
Sur son front pâlissant se fane sa couronne :

Les fiers enfans du nord, dont le soleil vainqueur
Avait, par son aspect, fait taire la fureur,
Fondant en tourbillons, suivis de noirs orages,
La chargent de frimats, la ceignent de nuages,
Et, comme en un tombeau, font rentrer dans ses flancs
Les plantes qui l'ornaient dans un plus heureux tems.

CASTEL.

———

De l'Urne céleste
Le signe funeste
Domine sur nous;
Et sous lui commence
L'humide influence
De l'ourse en courroux :
L'onde suspendue,
Sur les monts voisins,
Est dans nos bassins
En vain étendue.
Ces bois, ces ruisseaux,
N'ont rien qui m'amuse;
La froide Aréthuse
Fuit dans les roseaux.
C'est en vain qu'Alphée
Mêle avec ses eaux
Son onde échauffée.
Telle est des saisons
La marche éternelle :
Des fleurs, des moissons,
Des fruits, des glaçons.
Ce tribut fidèle
Qui se renouvelle
Avec nos désirs,
En changeant nos plaines,
Fait tantôt nos peines
Tantôt nos plaisirs.

Cédant nos campagnes
Aux tyrans des airs,
Flore et ses compagnes
Ont fui ces déserts.
Si quelqu'une y reste,
Son sein outragé
Gémit, ombragé
D'un voile funeste.
La nymphe modeste
Versera des pleurs
Jusqu'au temps des fleurs.

Quand, d'un voile agile,
L'amour et les jeux
Passent dans la ville,
J'y passe avec eux ;
Sur la double scéne,
Suivant Melpomène
Et les jeux nouveux,
Je vais voir la guerre
Des auteurs nouveaux,
Qu'on juge au parterre.
Là, sans affecter
Les dédains critiques,
Je laisse avancer
Les brigues publiques.
Du beau seul épris,
Envie ou mépris
Jamais ne m'enflamme ;
Seulement dans l'âme
J'approuve ou blâme,
Je baille ou je ris.

Dans nos folles veilles,
Je vais de mes airs
Frapper tes oreilles.
Après nos concerts,

L'ivresse au délire
Pourra succéder.
Sous un double empire,
Je fais accorder
Le thyrse et la lyre ;
J'y crois voir Thémire,
Le verre à la main,
Chanter son refrain,
Folâtrer et rire.

Quel sort plus heureux !
Buveur, amoureux,
Sans soin, sans attente,
Je n'ai qu'à saisir
Un riant loisir ;
Pour l'heure présente
Toujours un plaisir,
Pour l'heure suivante
Toujours un désir.

Coulez mes journées,
Par un nœud si beau
Toujours enchaînées,
Toujours couronnées
D'un plaisir nouveau.
Qu'à son gré la Parque
Hate mes instans,
Les compte et les marque
Aux fastes du temps ;
Je l'attends sans crainte :
Par sa rude atteinte
Je serai vaincu ;
Mais j'aurai vécu.

BERNARD.

———

LE DESSERT.

Un service élégant, d'une ordonnance exacte,
Doit de votre repas marquer le dernier acte.
Au secours du dessert appelez tous les arts ;
Surtout celui qui brille au quartier des Lombards.
Là, vous pourrez trouver, au gré de vos caprices,
Des sucres arrangés en galans édifices ;
Des châteaux de bonbons, des palais de biscuits ;
Le Louvre, Bagatelle et Versailles confits ;
Les amours de Sapho, d'Abeilard, de Tibulle,
Les noces de Gamache, et les travaux d'Hercule,
Et mille objets divers, que savent imiter
D'habiles confiseurs, que je pourrais citer.
Ne démolissez point ces murailles sucrées,
Pour le charme des yeux seulement préparées,
Ou du moins accordez, pour jouir plus long-temps,
Quelques jours d'existence à ces doux monumens ;
Assez d'autres objets, dignes de votre hommage,
Avec moins d'appareil, vous plairont davantage.
Ah ! plutôt, attaquez et savourez ces fruits
Qu'uu art officieux en compote a réduits.
A la grâce, à l'éclat sacrifiez encore,
Aux trésors de Pomone ajoutez ceux de Flore :
Que la rose, l'œillet, le lis et le jasmin,
Fassent de vos desserts un aimable jardin,
Et que l'observateur de la belle nature
S'extasie en voyant des fleurs en confiture.
Vous avez satisfait à vos nombreux désirs ;
Mais Bacchus vous attend pour combler vos plaisirs.
Approche, bienfaiteur et conquérant de l'Inde,
Tu m'inspireras mieux que les filles du Pinde ;
Verse-moi ton nectar, dont les Dieux sont jaloux,
Et mes vers vont couler plus faciles, plus doux.
   De ces vases nombreux que l'aspect m'intéresse !
Quel luxe séducteur ! quelle aimable richesse !

Vos convives déjà , dans un juste embarras ,
Vous adressent leurs vœux , et vous tendent les bras :
Venez à leur secours, offrez-leur à la ronde
La liqueur qui vous vient des bords de la Gironde.
Le vin de Malvoisie et celui de Palma,
Le Champagne mousseux , le Christi-Lacryma ,
Le Chypre , l'Albano, le Clairet , le Constance.....
Choisissez-les toujours au lieu de leur naissance.
N'allez pas rechercher au faubourg de Paris,
Du vin de Rivesalte ou de Côte-Perdrix ;
Et ne vous fiez pas à l'art des empyriques
Qui chargent vos boissons de mélanges chimiques ;
Donnez-vous, en buvant, les airs d'un connaisseur ;
Dites que ce Bordeaux aurait plus de saveur
S'il avait visité quelques plages lointaines ;
Et que ce Malaga qui coule dans vos veines ,
Usé par la vieillesse , a perdu sa vertu ,
Qu'il serait sans égal s'il avait moins vécu.

Berchoux.

LE CAFÉ.

Le Café vous présente une heureuse liqueur
Qui d'un vin trop fameux chassera la vapeur ;
Vous obtiendrez par elle, en désertant la table,
Un esprit plus ouvert, un sang-froid plus aimable ;
Bientôt, mieux disposés, par ses puissans effets,
Vous pourrez vous asseoir à de nouveaux banquets.
Elle est du dieu des vers honorée et chérie :
On dit que du poète elle sert le génie ;
Que plus d'un froid rimeur, quelquefois réchauffé,
A dû de meilleurs vers au parfum du Café ;
Il peut du philosophe égayer les systèmes,
Rendre aimables , badins, les géomètres mêmes ;
Par lui l'homme d'état, dispos après-dîner,
Forme l'heureux projet de nous mieux gouverner ;

Il déride le front de ce savant austère ,
Amoureux de la langue et du pays d'Homère ,
Qui , fondant sur le grec sa gloire et ses succès ,
Se dédommage ainsi d'être un sot en français ;
Il peut, de l'astronome éclaircissant la vue,
L'aider à retrouver son étoile perdue ;
Au nouvelliste enfin, il révèle par fois
Les intrigues des cours et les secrets des Rois ,
L'aide à rêver la paix, l'armistice, la guerre ,
Et lui fait pour huit sous bouleverser la terre.

BERCHOUX.

SOLITUDE ,

IMITÉ DE L'ANGLAIS DE POPE.

Heureux celui dont les vœux et les soins
N'excèdent pas quelques arpens de terre ,
Qui borne à l'air natal , au champ héréditaire
Et ses plaisirs et ses besoins !
Il se nourrit des gerbes de son champ,
A sa génisse, il doit un pur breuvage,
A ses arbres du feu, des fruits et de l'ombrage ,
A ses brebis son vêtement..
Heureux , il voit les heures et les jours,
Les mois, les ans s'effacer comme une ombre ,
Qui, trop souvent, troublent leur cours ;
Il goûte en paix sommeil profond la nuit,
Repos le jour, entremêlé d'étude,
La méditation, chère à la solitude,
Et l'innocence qui le suit..
Sans être vu, puissé-je vivre ainsi ;
Sans être regretté des mortels, que je meure!
Que pas même une pierre, après ma dernière heure,
Ne puisse dire : Il est ici.

A. DE CHARBONNIÈRE.

ADAM AU JARDIN D'ÉDEN.

J'étais né! tels qu'on voit de l'être qui sommeille
Les sens encor troublés au moment qu'il s'éveille,
Les yeux à peine ouverts, de moi-même surpris,
Je me vis étendu sur des gazons fleuris;
Une douce moiteur sur mon corps épanchée :
S'évapore au soleil par ses rayons séchée.
Je regarde, je vois le ciel brillant et pur,
Ce vaste firmament, cette voûte d'azur :
De mon lit de gazon tout-à-coup je m'élance,
Et sur son double appui mon corps droit se balance.
De là, mes yeux charmés embrassent à-la-fois
Les Côteaux, les vallons, et les prés et les bois;
Tout m'étonne et me plaît. Bientôt d'une onde pure
Arrive jusqu'à moi l'agréable murmure;
Se jouent sur ses bords mille animaux divers;
Les uns foulent les champs, d'autres fendent les airs;
Du concert des oiseaux le bocage resonne;
Les fleurs, leur doux parfum, tout ce qui m'environne
M'énivre de plaisir. Un instinct curieux
Sur moi-même, à la fin, me fait jeter les yeux.
J'examine mon corps, sa grâce, sa souplesse;
J'allais, je revenais plein d'une douce ivresse.
Mais que suis-je? d'où viens-je? et comment suis-je né?
De la terre, du ciel, de moi-même étonné,
J'interroge mes sens, ma voix cherche une route;
J'écoutais les oiseaux, moi-même je m'écoute,
Et ma langue étonnée, articule des sons;
A tout ce que je vois, elle donne des noms.
  O Soleil! m'écriai-je, ô bienfaiteur du monde!
Toi qu'échauffent ses feux, que sa lumière inonde,
Terre, séjour riant, dont l'aspect enchanté
Réunit la fraîcheur, la grâce et la beauté;
Vous, épaisses forêts! vous superbes montagnes!
Et toi, fleuve pompeux! et vous, vertes campagnes!
Vous tous, êtres charmans, que je vois en ces lieux

Vivre, agir, se mouvoir, et jouir à mes yeux!
De grâce apprenez-moi, vous le savez peut-être,
Qui m'a mis en ces lieux, et qui m'a donné l'être?
Ce n'est pas moi, sans doute; un suprême pouvoir,
Qui par ses bienfaits seuls, me permet de le voir,
En me donnant le jour, signala sa puissance.
Où chercher, où trouver l'auteur de ma naissance,
Celui par qui je vis, je sens, j'entends, je vois,
Qui m'a fait ce bonheur, qu'à peine je conçois?

   Tout se tait. Las d'errer dans ces lieux que j'ignore,
Sur les gazons touffus, qu'un vif émail colore,
Je tombe et je m'étends à l'ombre de ses bois;
Là, vient le doux sommeil, pour la première fois,
De ses molles vapeurs affaisser ma paupière;
Mon œil appesanti se ferme à la lumière;
Je me sens défaillir et rentrer par degré
Dans ce même néant dont Dieu m'avait tiré;
Mais ce néant pour moi n'était pas sans délices,
A peine cependant, j'en goûtais les prémices.
A mes yeux s'offre un songe, un fantôme charmant,
Dans mon cœur, à sa vue, un doux tressaillement
M'avertit que j'existe, et mon âme ravie
Retrouve avec transport la lumière et la vie.
Lève-toi, disoit-il, toi qui dois-être un jour
Le père des humains, lève-toi! ton séjour
Est celui du bonheur; viens, tes jardins t'attendent,
Tes ombrages, tes fleurs et tes fruits te demandent.

   Il dit, saisit ma main; et, comme si des airs
Nous fendions doucement les liquides déserts,
De ses pieds suspendus à peine effleurant l'herbe,
Glisse, vole, et me passe au haut d'un mont superbe,
En cercle environné d'arbres majestueux.
Là, tout est frais, riant, fécond, voluptueux,
Plein de fruits et de fleurs, et, près de ce bocage,
Tout ce que j'ai connu semble un désert sauvage.

7*

J'avance ; autour de moi pendent des pommes d'or,
Et mon avide main convoite leur trésor.
Tout-à-coup, je m'éveille : ô surprise ! mon songe
Etait une figure, et non pas un mensonge ;
Je vois ce qu'il m'a peint, et de mon doux sommeil
L'erreur se réalise au moment du réveil.

Dieu, quel charme divin brille dans sa figure ?
Jamais objet si beau n'embellit la nature :

Ou plutôt on eût dit que de leurs doux attraits,
Des habitans du ciel avaient formé ses traits.
Je la vis : de ses yeux part un rayon de flamme ;
Des plaisirs tout nouveaux ont inondé mon âme.
Le ciel est dans ses yeux, sur son front la candeur :
Ses moindres mouvemens ont un charme flateur ;
La volupté, l'amour, l'essain riant des grâces,
Composent son cortège et volent sur ses traces.
Dieu puissant ! m'écriai-je, éperdu, hors de moi,
Le voilà donc, enfin, ce bien promis par toi !
Sévère et bienfaisant, par quelle douce ivresse
Tu viens de racheter un moment de tristesse !
Auteur de tous les biens, à ma félicité,
Mon cœur avec transport reconnaît ta bonté.

C'est toi qui m'as choisi ma compagne fidèle ;
Sa beauté vient de toi, mais rien n'est beau comme elle :
De ma propre substance elle naquit par toi ;
C'est moi que j'aime en elle, elle que j'aime en moi.
L'époux doit pour sa femme abandonner son père,
Le père dans ses fils adorera leur mère :
Tous les deux ne seront qu'un esprit et qu'un cœur,
Enchaînés par l'amour, unis par le bonheur.

DELILLE.

LE PAVILLON DE JARDIN.

Habitons ce petit espace,
Assez grand pour tous nos souhaits :
Le bonheur tient si peu de place !
Et ce Dieu n'en change jamais.

BERNARD.

. . . .

De mon illustre appui j'y placerai l'image.
De mes premières fleurs je veux qu'elle ait l'hommage,
Pour elle je cultive et j'enlace en festons
Le myrte et le laurier, tous deux chers aux Bourbons.

DELILLE.

LA ROSE,

ROMANCE.

Si ton odeur pure et légère
Suffit seule pour m'énivrer,
C'est qu'au corset d'une Bergère
Je crois encor te respirer.
O Rose amante de Zéphire !
Du printems le plus bel atour,
Non jamais je ne te respire,
Sans avoir des pensers d'amour.

D'une belle au printems de l'âge,
Tu m'offres l'incarnat brillant :
Si la pudeur peint son visage,
C'est ta couleur qu'elle y répand.
Puis-je te voir à peine éclose
Briller au matin d'un beau jour,
Sans songer à bouche de rose,
Sans avoir des pensers d'amour.

LA VIOLETTE;

ROMANCE.

La Rose paraît au grand jour
Ainsi que la coquetterie.
Pour éviter la flatterie,
Sous l'herbe tu fais ton séjour.

TABLE.

FIN DE LA TABLE.

Ta rivalle à l'hommage invite :
C'est Vénus avec ses appas ;
Toi, tu ressembles au mérite
Qui perce et ne se montre pas.

Ce qui plaît aux yeux plaît au cœur,
Telle est la maxime en usage ;
L'homme est léger, il est volage,
Et néglige le vrai bonheur ;
La nature pour sa toilette
Créa des Roses par milliers,
Sage, cherchez la Violette,
Laissez aux foux tous les Rosiers.

FIN.